匠心之相

建筑摄影四十年

张广源 著

中国建筑工业出版社

序

广源的心思

崔愷 / 中国工程院院士、中国建筑设计研究院总建筑师

    端起小酒，会心一笑，这通常是我和广源开聊的样子。我们打小在一个学校学习，虽不在一个年级，但似乎也一起玩儿过，相互都留下了不错的印象。以致多年以后我们在建设部建筑设计院（现中国建筑设计研究院有限公司）的走廊里遇见，一眼就相互认出来："嘿！你伙计怎么在这儿？"说起来那是1984年的初冬，广源已从部队复员到部院搞摄影，我从天津大学研究生毕业分到部院做设计，一晃整整四十年了，从小朋友成了老朋友，从院里的年轻人变成了年轻人堆儿里的俩老头儿，日子过得真快！

    这四十年，我一个一个项目做设计，广源一个一个跟着拍摄；我一篇一篇发表设计心得，广源的照片一幅一幅登上学报，还上了封面。院里的一本本作品集、宣传册，登的几乎都是广源拍的照片，也是广源一本一本亲手编出来的。这些年，我总结设计思想，陆续出了几本作品集，从策划到编排，都是我们俩一起边聊边定的稿。有时候我忙工程拖了时间，广源总是及时督促和帮忙。而他对挑片、调色、纸张、版式的用心，也是每本书能高品质出版的保证！我对广源心存感激，但他就是小酒一端，嘿嘿一笑，说一声："这是必须的！"

广源当然并不是只忙活我的事儿。他拍的建筑也不仅是院里的作品，还有院外的不少同行、杂志抑或慕名而来的业主请他去拍片儿。广源的事儿也不仅仅是拍照，如前所说，他也负责院里的建筑作品集和文集的出版。所以他翻拍复制和整理了许多院内外的老建筑、老图纸、老照片，为院里留下了珍贵的设计文化遗产。这些资料在院庆图书出版和院史馆的筹建中派上了大用场！广源还是院里许多文化交流活动的策划者和组织者。在连续办了十年的"中间思库·暑期学坊"活动中，他一直担任教务总管，从出题到招生，从开学到结业、评图，他事无巨细地张罗着，将每个环节都认真落实。

广源为院里忙了一辈子，大家也惦记着为广源做点事。2016年，我们为广源办了一次摄影展，叫"张望"，这两年又鼓动他出本书。广源左思右想，不太想像摄影界的朋友那样出本作品集——其实院里出的这么多书就是他的作品集了，而是想出本小书，把这些建筑摄影背后的想法和故事写出来。我觉得特别好，也特别符合广源的性格和做事的意义。那天出差的路上，刘爱华问我能不能为这本书起个名字，我在高铁上写了几个词儿，忽然想起四个字：匠心之相。我觉得广源拍每张片子都十分认真，从不马虎，也许是从胶片时代就养成的习惯，轻易不按快门，一定选准了角度和光线才动手，不惜为一张片子跑得满身大汗，真是匠心之相！而从另一个角度讲，广源拍片子并非仅仅是作工程记录，更不是表现他个人审美的艺术追求，而是特别在意建筑创作的匠心所在，通过向建筑师讨教，了解设计意图，用相机把建筑的匠心拍出来，也可谓"匠心之相"，这就是广源的心思啊！

我习惯和广源聊天儿，但拿到他的书稿，却一时不知道该从哪儿说起了。那一张张照片配上一段段文字，满满的都是广源的心思，沉甸甸的……广源的心思用在做事上，专注建筑摄影几十年不动摇、不分心、不追求个人的艺术表现，一心想着这照片对建筑师有用，更对城市、对建筑文化有意义，便一往情深、乐此不疲。我觉得这事儿看似简单，但着实不易。且不说过去能有架好相机玩摄影的人不太多，以此为职业的更少，所以可发展的空间大、诱惑多，心无定力，很容易跑偏。即便这些年数字摄影降低了门槛，人人都成了摄影爱好者，但若无独到之处，也很难立身定位。

这首先有赖于广源四十年的手艺历练，眼睛准、手端稳、有耐心、不嫌累，每一张都要成活儿，每个角度都要讲究，每个细节都要准确呈现。甚至为此上过房、爬过树、搬过花盆、掉过水塘，每次拍下来不是一身汗渍就是两脚泥泞，老哥真拼！再者，广源心里明白建筑摄影要让建筑师能用得上一定要反映设计的构思想法，要了解来龙去脉和背后的匠心所在。不仅要利用好光线，把建筑本体拍出品质和亮点，也要拍出建筑与环境的默契关系；不仅要表现建筑的实体造型，也要拍出建筑空间的意境；不仅要照出建筑宏大的气势，也要捕捉转瞬即逝的光线在不同材料表面留下的细微痕迹。我能想象他常常面对建筑时陷入的一种凝视和沉思状态，像是在倾听建筑内心的声音，接着在下一个瞬间胸有成竹地按下快门，实现了他和建筑的对话！一般人可能并不了解广源几十年来在摄影理论和技术上的认真学习和研究，他平时藏着不露，一旦让他放开讲，那学问之精准会让你一震。广源的用心和精湛技艺得到了建筑师们的赞赏和信赖，但他拍什么、拍多拍少是有选择的，而这种选择也反过来说明了广源的评价是有原则、有观点的，这也是广源的用心所在。

广源的用心也体现在做人上。他是老北京，在院里从小伙计干到了老大叔。他常说在设计院里他就是个小摄影师，如何服务好大建筑师们，当好配角儿是他的本分。这辈子他没少和建筑师们交朋友，上至行业里的老前辈、老专家，下至驻工地的年轻人，他都说得上话、聊得来，也从中学到很多、悟到很多，更有意思的是交流传递了很多。他常常聊到那些专家前辈们的往事，话语中充满了敬意和怀念之情。他也常常聊起在改革开放的大潮中起起伏伏的同辈朋友们，分享他们成功时的喜悦和落寞中的牵挂。他最在意的是给年轻员工讲设计院的故事，每年院里迎新会的重头戏就是广源说部院的往事，很受欢迎。他的作用似乎是将老少三代建筑师们联系在了一起，像个家，也像座桥。

广源人好、仗义，也乐于助人。院里上上下下不少人都是广源的朋友，大家都愿意到广源那儿聊聊，甚至有些离开部院很多年的老同事一来院里串门儿，一准也是先去广源那儿报到，聊上半天儿。所以，我也时常可以从广源那儿得到多方面的大道或小道消息，主要是行业信息、各人的近况，也聊些家长里短，表现出朋友之间的牵挂和惦记。院里的年轻人，尤其是年轻的建筑师们特别喜欢广源这位大叔，工作中有什么好事或什么困惑都愿意找他唠唠，请他给出出主意，给点儿安慰，答疑解惑。广源呢，也乐此不疲，打心眼儿里喜欢帮助这帮年轻人！

2022年是我们院建院七十周年，我和广源一起筹划了"一个馆、一本书、一册名录"三件事。"一个馆"就是院史馆，利用沿车公庄大街1号楼的地下空间，把广源多年来收集整理的历史图片资料，以及多位名师老总用过的文具和笔记草图展示出来，受到业界的好评，一开展就被评为全国科学家精神教育基地。"一本书"就是《重读经典——向前辈建筑师致敬》，我们组织院内十几位中青年建筑师每人精读一位前辈的名作，写出体会，作为对设计文化的深度思考和传承。"一册名录"是建院以来有记录的所有员工的名字集录，由于七十年中单位变动、人员流动、档案散失、记录不全，名录的收集整理非常困难。但广源以极大的热情和耐心反复整理校对，终于将八千五百多个人名凑到了一起。我时常浏览和寻觅其中那些熟悉的名字，眼前便会浮现出他们熟悉的面庞和一起工作的情景，每每心中都泛起情感的波澜，久久难以平静。应该说这些记录和追忆，并不仅仅是为了怀旧，更是为未来的发展注入正能量，注入人性的力量，这就是文化的传承。而今，广源最乐意做的一件事就是作为院史馆的首任馆长，不厌其烦地向来访者讲述这个院的历史和创造这些历史的人，他已经成了金牌义务讲解员，受到了大家的高度赞赏。

有时候我觉得广源就像是一位酿酒师，把中国院七十年来收获的作品细心地筛选、研磨、发酵、过滤、酿造，变成晶莹醇厚的文化美酒，醉人心脾。

各位读者，当你翻开这本小书，就可以想象广源又笑眯眯地端起了酒盅，这酒的味道如何，请您细品……

2024年4月24日

目录

接景

回映建筑对传统和文脉的承接

鸽哨　北京隆福大厦改建　2018年摄

隆福大厦最近一次改造完成后，我特地绕到旁边的胡同里，想拍到从前的感觉。
看到原来那座突兀的楼房，已经改了模样，融为胡同中的一景，一群盘旋低飞的
鸽子响着鸽哨，衬托起回想的氛围。

建筑师 / 崔愷　柴培根

隆福大厦原址是东四人民市场，是我们小时候的"购物天堂"。隆福寺商业街不宽也不长，曾经店铺相连，有人们喜欢的灌肠小吃和三个电影院，是北京人记忆中最热闹的地方之一。后来因为一场火灾，此处日渐萧条，几次改建也没能恢复。希望这次改建能重新拢回人气儿。

那天是一个雨后的晴天，铅灰色的天空，草原上的房子。

这张片子可以说是这么多年来我最满意的一张，

真的是把那个房子的光彩、气质和环境拍得非常好。

———李兴钢

原上　元上都遗址工作站　2012年摄　　　　　　　　　　　　　　　　建筑师 / 李兴钢

原上 元上都遗址工作站 2012年摄

蒙古包似的新建筑，自然地坐落在元上都遗址前的草原上。

建筑师 / 李兴钢

这次拍摄是一次"命题作文"。

之前已经有摄影师很全面地拍过这个作品，

我这次的任务是为《建筑学报》拍一张封面照片。

进入南京博物院，

先看了看那座改建中抬高了三米的老大殿，

再看新建的馆，尽管体量很大，形式简约，

但细看仍能感受到建筑师注重其与老馆的呼应，

因此，我以表达新与旧的关系作为"找封面"的重点。

当我转到院子东侧，

民国时期的大殿屋檐在墙面投下深深的阴影，

新馆的侧墙在阳光下延伸着。

这张照片被设计者程泰宁院士和学报的范雪主任选定为那期封面。

接续　南京博物院改扩建　2015年摄　　　　　　　　　　　建筑师 / 程泰宁

北京金融街地区在元明清时期就是繁华的商业金融中心，
是一片老城区。
二十世纪九十年代，北京将这里规划为金融街，
高楼大厦在原有的老院落和老房子的拆除中陆续建起。
这张照片记录的就是这场"辞旧迎新"的一个片段。
我到金融街拍摄过多座新建筑，
这些建筑却鲜有对过往的回顾，
感觉只有富凯大厦的设计还留着对传统的记忆。
楼前树下的一面灰砖墙和中庭里的几丛竹林，
会让人想起消失了的老院子，
楼上窗户的比例和楼门口像老窗扇一样支起来的雨篷，
又能让人想到曾经的老房子。

玉力　北京富凯大厦　2002年摄

建筑师 / 崔愷　崔海东

对岸 象山水岸山居 2013年摄

拍照那天杭州高温40摄氏度。为了看明白这是一栋什么样的房子，就想到学校外一栋高层楼上去看看，却不巧赶上电梯没开，半天才爬到顶层。推开窗一看，原来建筑师是在校园里的山上建了一个"村落"，挺好。这张是在"村"后山坡上拍的，向远处望去，对面的建筑群显得索然无趣。

建筑师 / 王澍

在沅江两岸曾经有很多窨子屋，
但因为战火和城市的变迁，一座都没有留下。
后来在不同时期又陆续建起了各种各样的房子。
在常德老西门的改造中，
曲雷和何勍两位建筑师面对功能需要，
将现代和传统的概念相结合，
并将新老工艺、材料并用，以一座新建筑再现了传统窨子屋。
我在拍摄的过程中也常常能感受到当地人对这里的喜爱。

老术

常德窨子屋博物馆

2015年摄

建筑师 / 曲雷　何勍

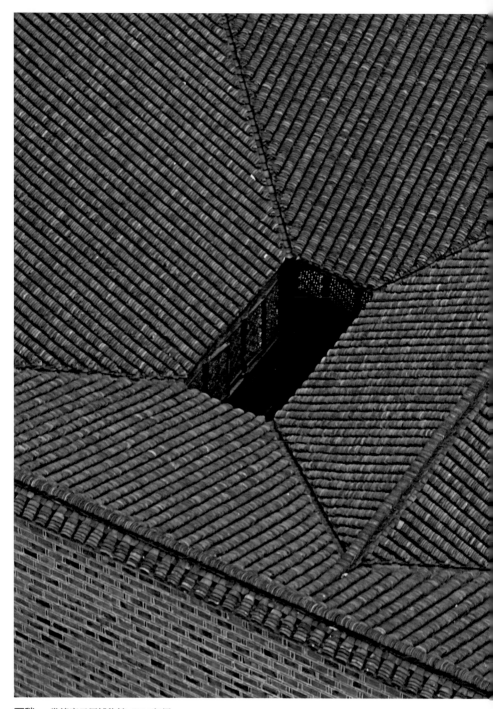

瓦毯　常德窨子屋博物馆 2015年摄

　　把不同年代、不同地区的旧瓦和新瓦一起随意地铺在屋顶上，自然生成了一种叠加的年代感。

建筑师 / 曲雷　何勍

拍这张片子时，我挺有感触，一下子就想起了小的时候每天在胡同里看到城楼的场景。当时我家在朝阳门内的胡同里，出门儿看见城楼是特别平常的事儿，后来随着城墙的拆除，成了记忆。没想到多年以后，在德胜门外新建的这片园区里，又重现了儿时熟悉的场景。

忆　北京德胜尚城 2005年摄

建筑师 / 崔愷　逄国伟

霁 北京大学人文学院 2012年摄

    原本我一直想等下雪时去平谷山里拍中信金陵酒店，可是这场春雪来得猛，化得也快，以至于我来不及作更多的选择，便匆匆赶到了较近的北京大学。新建成的人文学院建筑群采用了传统的建筑形式，我也以"框景"的传统构图记录下雪后的院落一角。

建筑师 / 张祺

重现 北京鼓楼西大街33号院更新 2022年摄

　　这个院子在改造前是个废弃的仓库平房，没有一点传统痕迹。当我站在屋顶拍照时，发现这个新建的小院已经不声不响地融入鼓楼下的老城区中。屋顶、门窗，还有院子里那些细节，

建筑师 / 柴培根

都再现着老城中心的安逸生活。更让我感慨的是，和建筑师柴培根聊天时，感觉这位工作后
定居北京的"新市民"，讲起老北京城的街区，比我们这些土生土长的"老北京"更深入。

最初从临街方向拍这座建筑时，
我并没有体会到这个设计好在哪儿。
后来，崔愷建筑师告诉我后面有一座王府的古建筑。
来到王府老院里我才领会到这座楼设计的巧妙之处，
它的屋顶走势与相邻古建筑的屋顶、
墙面遮阳板博古架般的图案和王府回廊里的挂落，
都形成了完美的呼应。

对话　北京数字出版信息中心 2008年摄

建筑师 / 崔愷　何咏梅

这座位于黄山脚下的建筑，
在设计中吸取和运用了当地传统建筑元素。
为了直观地表现这一特点，
在筹备出版这个项目的专辑时，
我和年轻的建筑师宋焱分别去拍摄新建筑和传统民居，
结果不谋而合，
两人拍回的照片居然很多都做到了新老建筑从细节到视角的一一对应，
诠释了设计要点。

邗阶　黄山昱城皇冠假日酒店 2012年摄

建筑师 / 叶铮　马琴

这张照片中的华山因为雾霾而显得虚幻飘渺。
赶上这种天气对摄影原本是个遗憾，
但当我把片子去色，变成黑白之后，
建筑与山之间的关系反而变得令人回味。
镜头中的建筑与后面的大山景致没有互相压制，
而是呈现出一种和谐。

敬山 华山游客中心 2011年摄　　　　　　　　　　　　　　　建筑师 / 庄惟敏

这张照片我想表达的是一种强烈的韵律感。

在这个旧厂房改造项目现场，

从台阶到屋顶，韵律感无处不在。

这个韵律并非单纯由新建的或者旧有的建筑所形成，

而是由新与旧的彼此融入共同产生。

画面中，浅水池的倒影让这种韵律感得以加强。

节奏　乌海市青少年活动中心 2013年摄

建筑师 / 张鹏举

引力　北京天文馆　2004年摄

张开济先生设计的北京天文馆老馆，曾经是北京小学生们必来的科普场所。台湾出生的王弄极建筑师设计了新馆。拍摄时他从美国来到现场。那天天气特别冷，他穿得少，冻得不知所措，但还是坚持向我讲述了设计意图。为了北京天文馆新馆的设计，他特地研究了爱因斯坦的相

建筑师 / 王弄极

对论，要表现老馆和新馆之间形成了一种引力场。我揣摩着他的话，在寒风中
找角度。这张照片中新馆光滑的玻璃幕墙向内凹进，就像是在老馆球形天体的
牵引下产生了空间扭曲，树枝在风中倾斜，正好强化了画面中引力场的感觉。

武汉辛亥革命博物馆选址于此的一个重要原因，
是这里与原有的武昌起义纪念馆在同一轴线上。
为了拍到两个馆之间的关系，
我在新馆和老馆周围尝试了几次，
都因为距离太远，没有找到适合的角度。
当我无奈地从老馆走出来的时候，
在这尊经典的铜像后面看到了想要的画面。

凝望 武汉辛亥革命博物馆 2012年摄

建筑师 / 陆晓明

建筑师 / 陆晓明

凝望 武汉辛亥革命博物馆 2012年摄

建筑师 / 陆晓明

43

随笔一　传承

在摄影中表现当代建筑对传统文化的传承是我非常重视的一个方面。建筑师都很有传承情节，会自觉地寻找设计的源头，把对历史文化的理解应用于创作中。这就需要摄影者自己也有传承的意识，并在拍摄中尽可能表现出设计对传承的表达。对传承的态度决定了选择拍什么。有些摄影者也许为了某种表达，以自己的主观意向对拍摄对象加以过度的渲染，以求视觉上的满足，但在建筑摄影中表现真实的设计永远是第一位的。这个认识可能会被认为保守，其实重视传承本身就是建筑摄影的一种价值所在。

不同时代的建筑对传承的表达方式不一样。二十世纪五六十年代的建筑对历史文化的表现大多很直接，比如采用传统的屋顶样式，对传统纹饰加以改造创新。到了八十年代，用隐喻表达的方式增多了。而现在的建筑师更重视使建筑成为传统与现代、艺术与生活的结合体，对传承概念的表述不是局限于建筑本身，更考虑到街区、城市，甚至区域的历史文脉。对建筑设计中传承理念的认识，成为我拍摄时选择视点的重要依据。

我曾经在几次建筑摄影比赛中担任评委，感觉很多参赛者对现代建筑中的"传承"理解得比较表面化。一提到传统，就会去拍古建筑，拍摄故宫的照片在参赛作品中所占的比例非常高。还有很多拍摄传统符号或角度的作品在后期处理上很用力，过度强调艺术化，主观地追求漂亮的画面，把建筑中的传承当成了表现摄影艺术的素材。这对于艺术摄影无可厚非，但对于建筑摄影则另当别论。其实在摄影领域，**当拍摄别人创作的艺术作品时，"用技而不炫技"才是本质上应有的态度。**

故事

讲述建筑寄意的往事和愿望

探望　玉树抗震救灾纪念馆　2014年摄

纪念馆的主体在地下，这面墙是出入口。我去拍照那天不开馆，只有一个藏族老人带着个小孩在门房里。拍照时我发现只要门口有人经过，这个小孩就跑出来看，看看再回去，如

建筑师 / 孟建民

此反复让我好奇，他是在等什么人吗？会不会和前年的地震有关呢？当再次有人经过的时候，
小孩又跑了出来，正巧有只小狗也跑进了镜头，我赶紧拍下这个有故事性的画面。

神灯　元上都博物馆　2015年摄

　　为了拍这张照片，我们绕到了大约两公里外，隔着辽阔的草原，看到博物馆从半山腰发出的暖光，像是在召唤。这时候感觉这座小建筑给整个草原都带来了灵气。

建筑师 / 李兴钢

康巴艺术中心的布局像一个聚落，
有条朝向格萨尔王广场的步行道。
当时为了拍到有人走过，
我等了很长时间，
终于有两个孩子出现，
让这个场景更加生动。
这片区域后来变得热闹非凡，
成了一个充满活力的市区中心。

三道 玉树康巴艺术中心 2013年摄

建筑师 / 崔愷　关飞

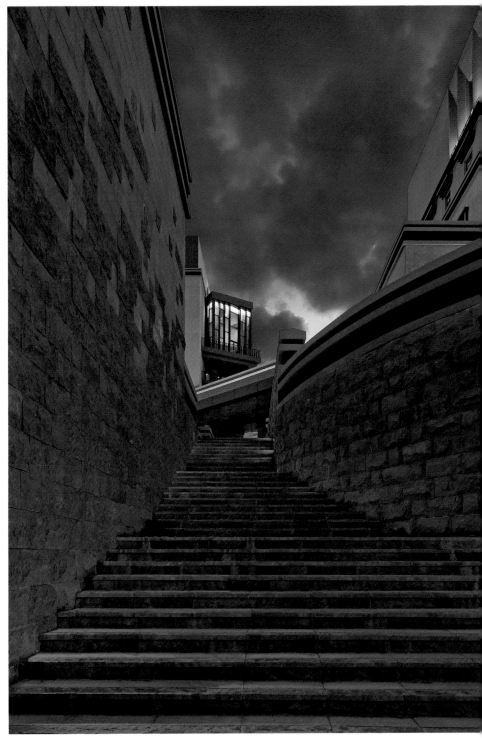

花灯　京藏交流中心　2020年摄

建筑师 / 崔愷　康...

冬　玉树抗震救灾纪念馆　2014年摄

建筑师 / 孟建民

神话 　**大同市博物馆 2016年摄**

　　艺术家把馆内珍藏的北魏胡人牵驼俑放大了数十倍，立在庭院中，在年轮般的墙面肌理衬托下，似乎让古老的传说超越了真实，成为神话。

建筑师 / 崔愷　时红

印迹 殷墟博物馆 2006年摄

冷色调的青铜和暖色调的墙面，围合着浅水池中甲骨文的印迹。当我进入这个安静的小庭院，感受到历史带来的冥想。可往来观展的人却没有注意到这里，只留给它静静的等待。

建筑师 / 崔愷　张男

顺势　兰州城市规划展览馆　2017年摄

从黄河对岸看去，规划馆墙面的纹路与河水似乎有着某种契合。正巧一艘游船驶过，我拍下了河水与建筑同向流动的瞬间。

建筑师 / 崔愷　康凯

未来　江苏园博园未来花园　2022年摄

建筑师 / 崔愷　关

探索　日照市科技馆　2020年摄

建筑师 / 崔愷　关飞

石 北川幸福馆 2011年摄

幸福馆建筑的"白石"形体，让当地人感到熟悉和亲切。傍晚时的北川幸福园，有一种安详静谧的氛围。

建筑师 / 庄惟敏

开学　北京中关村第三小学 2016年摄　　　　　　　　　　　　建筑师 / Bridge3+刘燕辉　王敬先

在北京中关村第三小学，学生们可以在门窗玻璃上任意写字作画。我每次去拍建筑时，都会拍几张小画。9月1日开学那天，我在一扇门上又拍到了孩子们的杰作。

圆梦 什邡市八角镇幼儿园 2010年摄

建筑师 / 高庆磊

　　"5·12"汶川大地震后，在灾区开展了大规模的灾后援建。什邡是北京市定点支援地区，八角镇幼儿园也是重建项目之一。那天天气不好，建筑也不大，我很想通过孩子们来表达援建带来的变化，可当时他们都"严肃地"坐在教室里。我只好端着相机耐心地等到下课时间，想拍些活动场面。没想到铃声响起时，孩子们就一下子欢乐地拥到镜头前。这个瞬间的照片成为《建筑学报》少有的以人物为主体的封面。

影壁 南京青奥景观广场 2016年摄

那天本来是去拍青奥建筑夜景的，但赶上场地有重要活动，工作人员把我从拍摄的平台上轰了下来，我只能无奈地站在景观广场上等着活动结束。忽然看到墙前来来往往的人影特生动，于是就站在那儿拍了起来。最美的还是建筑中的人。

入戏 　西浜村昆曲学社 2016年摄　　　　　　　　　　　　　　　　建筑师 / 崔愷　郭海鞌

这是一座用废弃的农舍改建成的昆曲学校，竹墙粉墙构成了文化传承的
新空间。演出时观众隔着小河看戏。我想突出这个舞台的特点，于是绕
到舞台后院，捕捉到了演员和观众同在画面中的一幕。

寸间轴　从中轴线看奥运塔　2015年摄

随笔二　视角

摄影家亨利·卡蒂埃·布列松曾说："事实并不见得有趣，看事实的观点才重要。"这个"观点"就是拍摄时镜头的视角。不同的视角会让同一座建筑带给人不同的感受，而建筑师总是期待通过摄影师的镜头，带给未能身临其境的观众具有吸引力的视觉印象。我认为建筑摄影所要表达的，不仅仅是"雄伟"或"漂亮"，还要表现其坚固和实用。我特别想拍出建筑从地下生长起来又很结实的感觉，表现建筑与大地融为一体，并与周围环境相协调。

视角的选择，我比较偏重于两种方式：一种是能够带来视觉冲击力的角度。视觉冲击力不等于角度异常的大透视，而是指能让人对这座建筑或场景留下深刻印象的照片。另一种是能产生视觉黏性的画面，观者能够从摄影师的视角获得某些信息，甚至因此产生某个兴趣点，这就是视觉黏性。看照片的人主动地参与其中，而不仅是被动地观看。

视角的选择取决于很多因素，其中很重要的一点是态度。首先，**要以诚恳之心去表现建筑作品**，有了这种诚恳，才会不吝惜体力、不计较得失，认真地看待建筑的每一个空间和细节。其次，是要**以敬畏之心珍惜到现场的机会**。有些建筑现场是难得一去的，更难得有建筑师陪同前往，所以我总是很珍惜，既怕错过光线，又怕漏过角度，怕拍摄过程中有什么失误。再一点，是要**以尊重之心去读取设计的语言**。虽然很多时候我并不能完全读懂建筑的专业内容，但会尽可能去理解那些空间变化、材料运用和细节做法，去想建筑师为什么这么用，并以这种心态所选择的视角去拍摄。还有一点很重要，就是摄影时要**以平常之心去体验场所**，并将这种现场体验尽可能在视角中传递出来。我给老朋友崔愷建筑师拍过很多作品，每次我拍照回来，崔愷的第一句话都是问："感觉怎么样？"逐渐地，我明白了他关注的"感觉"其实就是"现场体验"。建筑师特别希望听到我作为一个行外人的现场感受，那么建筑摄影的视角选择也要包含对这一点的表达，且体验要基于使用者的平常之心。当然，有些现场感受也是相机拍不出来的。

化入

叠影建筑与自然环境的共生

白羽　延庆野鸭湖湿地博物馆　2007年摄

建筑师 / 文兵

为了拍张满意的车站全景，

我背着沉重的器材，

喘息着在站前广场往复了好几次。

进站后又向门外广场回望了一眼，

忽然感觉特别美，建筑的出入口宛如大自然的画框，

蓝天大山尽在其中，

人一出站就能领略高原美景。

可惜几年后再来这里时，

广场前面已经盖满了房子，

这张照片成了一个再也看不到的场景。

天国　拉萨火车站 2006年摄　　　　　　　　　　　　　　　　建筑师 / 崔愷　单立欣

通常拍摄建筑，
都希望赶上晴空丽日。
但面对这样一座寓意着历史的建筑，
前一天在好天气下拍的照片比较平淡，
和博物馆的主题有点远。
原来以为就这样了，谁料第二天早晨，
外边大雾弥漫，我就赶紧跑到现场去，
晨雾中博物馆若隐若现，贴近了遗址的传说。
这场雾不期而至，来去匆匆，
从什么都看不见到雾散，时间特别短，我只拍到了两张。

曲径 中国美术学院象山校区水岸山居 2013年摄

建筑师 / 王澍

本色 盛乐游客中心 2016年摄

初冬时节，路旁落叶后的树木让建筑呈现出与环境一致的色调，同时建筑的水平线条与垂直的树干和上扬的枝杈形成了错落有致的画面。

建筑师 / 张鹏举

光尺　乌海市黄河渔类增殖站及展示中心 2014年摄

这座小房子位于黄河岸边的盐碱地带，离沙漠不远，因此场地中的每一棵树都很珍贵。过往的岁月在附近留下了几排防风林，场地上还有几棵树保留下来。为了突出树和建筑之间的关系，我在一棵大树低矮的树冠下，匍匐着拍下了这张照片。在四野无人的地方，这座小房子和大树像是这里的守护者。

建筑师 / 张鹏举

赤壁　北京中信金陵酒店　2014年摄

　　这座依山就势的建筑位于崔愷曾劳动生活过的平谷大华山，他将对那里山石和自然的敬重
融入设计之中。而助其实现的人，则是民间艺术家张宝贵。

建筑师 / 崔愷　周旭梁

在我看来，宝贵大叔是一个传奇，他用废弃的建筑材料创造的艺术混凝土挂板，
完成了一个个与建筑师共同的创作，他以执着努力的研发实现了建筑师的梦想。

山下 中国驻开普敦领事馆官邸 2012年摄

山间 可可托海温泉酒店 2017年摄

建筑师 / 柴培根　田海鸥

守护 罕山自然保护区生态馆 2016年摄

那天白尔父子两人驱车六个多小时，带我到了罕山自然保护区。我看到新建的生态馆如草原中的丘陵一般静静地卧在那里，好像原本就是这里的一样。

建筑师 / 张鹏举

每次拍摄张鹏举建筑师的作品，总有意犹未尽的感觉。他的一些设计就如同从草原中生长出来的，而场地的辽阔空旷、特有的空气味道等现场感受是相机拍不出来的。

丘　敦煌莫高窟数字展示中心 2015年摄

这座建筑一看就像沙丘，所以我很想把它和远处的鸣沙山拍到一起。可是这里紧靠着机场，周围没有高点。后来我费尽周折在公路对面的废弃工厂里看到一台龙门吊，吊车的梯子都脱焊了，用绳子绑着。我颤颤悠悠地爬上去，终于拍到了这座"沙丘"在沙山与绿洲之间的画面。如果那个梯子再高点儿就好了。

建筑师 / 崔愷　吴斌

提起武大校园里的建筑，都知道老楼好，
那是因为老楼已经在那儿扎了根儿。
后来盖的很多房子就像外来客，
似乎建在哪儿都行。
但这座教学楼融入了所处的山坡林木中，
像是和旁边的大树论起了"哥们儿"，
共同在这儿扎根成长。

共生 武汉大学城市设计学院 2021年摄

建筑师 / 崔愷 喻弢

如意　北京世界园艺博览会中国馆 2019年摄

建筑师 / 崔愷　景泉　黎

入绿 　杭州杭帮菜博物馆 2012年摄 　　　　　　　　　　　　　建筑师 / 崔愷　吴朝辉　周旭梁

匍匐　无锡鸿山遗址博物馆 2009年摄

建筑师 / 崔愷　张⬛

博物馆建在古墓遗址上,与村庄遥遥相望。当我俯身在油菜花丛中拍摄时,
镜头中的馆舍如同村中的农舍一般,像是从田间生长出来的。

乡 **遵义海龙屯展示中心** 2014年摄 　　　　　　　　　　　　建筑师 / 于海为

于海为建筑师利用当地盛产竹子的特点，把一栋原本平常的房子改造成
一座"竹屋"。为了表现出它与大山中原生态的融合，"害"得我拍照
时在周围的山上、山下来回跑。

光环　北京嘉德会馆　2014年摄

建筑师／于海

朝拜　泰山桃花峪游客中心　2010年摄　　　　　　　　　　　　　　　建筑师 / 崔愷　吴斌

随笔三　有用

这个时代照片总量非常多，但大部分照片实际上是没有特定用途的，即使是有些曾参加展览或发表过的摄影作品，也只是给观众留下个不错的印象，然后就被遗忘了。而符合设计者需要的建筑摄影照片，从最初拍摄时就注定了是要被使用的。

我隐约意识到自己拍的照片"有用"这事儿，其实还挺早的。而"有用"这个建筑摄影的特性，后来对我的摄影观产生影响之大，却是我当初没有想到的。二十世纪八十年代我初入建筑摄影这一行，拍的片子还不多，对到底怎么拍还处于混沌状态。可每次照片洗印出来，建筑师都会认真挑选，挑出来的就是要用的。戴念慈先生也来我这儿挑过曲阜阙里宾舍的幻灯片，我曾遗憾被戴总挑走的片子再也没拿回来，那时我还没有一个明确的认识：被"拿走"的照片其实就是被"用"了。后来，《建筑学报》的主编张祖刚不仅多次采用我拍的照片，有一次还将其选作这本权威期刊的封面，让我更觉得自己拍的照片有用了。

我进入设计院时正是改革开放初期，国内的摄影行业方兴未艾。随后这些年，我们能够越来越多地看到国际大家的摄影作品，年轻摄影人的眼界大为开阔，也更能按自己的主观意识去选择拍照的方式。当年和我一起到建设部系统工作的同行们，后来几乎都转行，不再专门拍建筑了，觉得拍建筑很单调，限制艺术性的发挥。而我却因为一直感觉到自己拍的照片有用，被建筑师需要，而坚持下来。如今，自己拍的照片被越来越多的建筑师用于媒体发表、专业讲座、行业评奖，或者用于讲解设计、发现问题。每当看到这些的时候，我都会小有成就感。拍出能为建筑设计的相关事情所用，能为建筑师所用的照片，逐渐成为我对建筑摄影工作的价值观。

像场

摄取建筑在城市回忆中的片段

嵌 **重庆国泰艺术中心** 2013年摄

国泰艺术中心建在重庆的市中心，周围的楼和其他城市的差不多。我为了表现建筑的位置
特点，沿着嘉陵江找到一处能看到江水、码头、吊脚楼和涵洞等有重庆地方特色的地段。
从这里看去，红色的建筑似嵌入林立的高楼之中。

建筑师 / 崔愷　景泉

前往重庆登机前，
同行的徐元卿建筑师给我看了一张崔恺画的方案草图。
图中自然流动的线条，给我留下了深刻的印象。
车在山城江边的市区路上穿行，
我瞬间看到了这个角度，
赶紧记下路名，
第二天又找到这儿。
江岸边顺坡而下的银色建筑与草图上的意向特别贴合。

山水　**重庆市规划展览馆** 2021年摄

建筑师 / 崔愷　景泉　徐元卿

河畔 兰州城市规划展览馆 2017年摄

早晨侧逆光拍照，利用清水混凝土墙面反射出的高光，来表现建筑寓意的黄河边"巨石"的质感。

建筑师 / 崔愷　康凯

改造后的大华纱厂，
依然保留着浓厚的历史气息。
在这张照片中，透过新建筑仍能看到以前的老房子，
新与旧彼此交织在一起。
原来的老员工常常带着小孩来这里，
这也是时代的交织。

交织　西安大华纱厂改造　2015年摄

建筑师 / 崔愷　王可尧

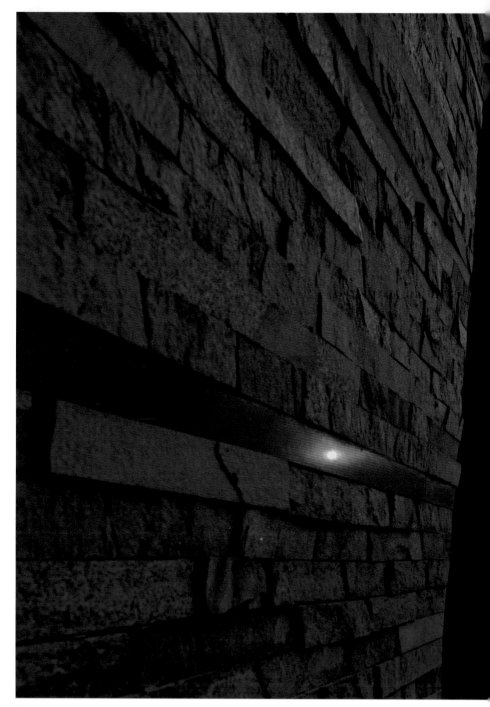

残血　井陉矿区万人坑纪念馆　2008年摄

井陉矿区万人坑纪念馆的东侧有一个"魂坡"和一面"魂墙"。魂坡上是当地小学生捡来的石头，象征着头盖骨。魂墙有象征土层的毛石和象征煤层的光石，并有李林琢老先生雕刻的一百只挣扎的手。我一直等到夕阳照到光石上的那一刻按下快门，表现出残阳如血的气氛。

建筑师 / 沈瑾

北京奥运会召开前夕，李兴钢陪同赫尔佐格和德梅隆一起去看竣工后的鸟巢，邀我去拍照。能拍摄到国际著名建筑师在项目现场，显然是一个难得的机会。当我随着他们走到体育场入口时，忽然看到漫天的乌云正随风滚滚而来，建筑巨大的钢构在这一刻显得特别震撼。于是我忍不住停下脚步换上镜头，等到云缝中露出一缕阳光投射到建筑的瞬间按下快门。再进场时大师们已经离开了。展览时在这张照片前，我为那天没拍到三位主要设计者同框而对兴钢表示歉意，他笑着说："你值了"。

缠　国家体育场 2008年摄

建筑师 / 瑞士HdeM建筑事务所 + 中国建筑设计研究院

位于奥林匹克公园中心区的
北京奥运塔，高 248 米，是
2005 年设计的。2015 年竣
工开放后被国际奥委会命名
为奥林匹克塔。我在公园内
的仰山上拍摄了这张照片，
从这里可以远眺北京城市中
轴线上的钟鼓楼。

眺望　北京奥林匹克塔 2015年摄　　　　　　　　　　　　　　建筑师 / 崔愷　康凯

城界　神华集团办公楼改扩建 2010年摄

建筑师 / 崔愷　柴培根

舒展 太原滨河体育中心 2019年摄

建筑师 / 崔愷　景

这是我拍摄过的校园图书馆中最有特色的一景。在北外这样各国留学生会聚的学校，用多种文字组合成的墙，朴实地叠加出多种含意。学生们很喜欢这里。

语意

北京外国语大学图书馆

2013年摄

建筑师 / 崔愷

内外　南京艺术学院宿舍楼　2012年摄

　　梅雨季节刚过，学生们纷纷把被子拿出来晒。楼的外墙刚好把画面分隔成两半，宿舍楼无意中形成的带有生活气息的场景，与楼旁刻意整修的校园环境形成了对比。

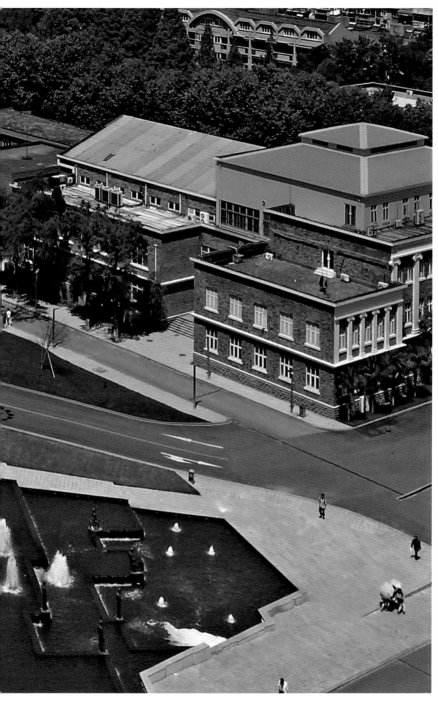

建筑师 / 崔愷　时红

致礼 中国驻南非大使馆 2012年摄

建筑师 / 崔愷　单立欣

平凹　贾平凹文化艺术馆　2015年摄　　　　　　　　　　　　　　建筑师 / 屈培青

净化　北京朝阳区垃圾处理厂　2016年摄

建筑师 / 李兴钢　张音玄

随笔四　记录

记录是摄影的基本职能。梁思成先生曾说建筑是"文化的记录"，那么建筑照片则是对文化记录的记录，是有价值的历史资料。我们在看几十年前的老照片时，感受最多的是建筑和场景所留下的年代信息。人们常说"历久弥珍"，那些记录了经典建筑的老照片，实际上也和建筑一起成了经典。

刚开始拍摄建筑时，我只是按固定的角度和模式拍出一张张"建筑的标准照"，认为建筑的整体形象就是建筑摄影要记录的全部内容。随着实践的增多，与建筑师不断交流，我渐渐明白了不单要记录建筑形象，还要记录建筑与城市、环境的关系，以及材料、细部做法等，这些内容也都具有重要的记录价值。后来我看到了法国摄影师尤金·阿杰特的作品。从四十岁开始，他拿着一台老旧相机，用后半生的时间拍摄了旧巴黎所有街道上自十六世纪到十九世纪美丽的建筑的艺术纪实作品。他的照片和巴黎这座城市紧紧地结合在一起，是真正的"文化的记录"，也深深影响了我对摄影这件事的理解。

"记录"要真实才有意义，但不能只是"表面上的真实"，而是要在清晰表达设计构思的前提下，进一步表述出这座建筑的使用情况、环境信息，以及细节中对建筑艺术的应用等，这样才能使照片留下可研究和参考的价值。真实是记录的根本，建筑物上岁月的痕迹、天气和使用带来的变化，都可能让画面不那么理想，但如果在后期制作中过度修饰，则会使记录失去价值。

"记录"不是简单地留住影像，仅仅按照固定的角度和模式去拍摄，而要随着时代的发展、建筑师要求的变化、设计内容的丰富而不断充实记录的内容。建筑师在现场用手机随手拍的照片，往往特别有价值，因为他会"记"，知道要记什么；可能同一场景我也去过，却漏拍了，这常常让我感到汗颜。有时作好建筑记录比所谓的艺术表现更难。"记录"是有层次的，我认为其**最有价值的层面是当人们看到建筑照片时，能够感受到创作的初心，从而引发对与建筑密切相关的背景的追寻**。

色彩

光和色增强了建筑的表现力

慧聚 天津大学新校区主楼 2018年摄

相对于白天阳光下，傍晚灯光下的广场呈现出更为丰富的层次，中间犹如星空落地般的景观灯，增强了建筑群体的感染力。

建筑师 / 崔愷　任祖华

平镜　三亚海棠湾酒店　2014年摄

　　这是何镜堂院士指导设计的酒店，在夜色中颇有些"平湖秋月"的意境。
只是那天晚上的月光格外明亮，以至于看不清月亮的轮廓。我没有对
此进行后期调整，保留了那一刻的真实景象。

建筑师 / 何镜堂

原色　北京工业大学第四教学楼组团 2015年摄 　　　　　　　　　　　　　　　建筑师 / 崔愷　柴培根　于海

这组教学楼改变了校园建筑群单调的色彩，增加了教学空间的艺
术氛围，现在成为学生们喜欢的"打卡地"。

彩色　　**鄂尔多斯市体育中心** 2015年摄 　　　　　　　　　　　　建筑师 / 崔愷　景泉　李静威

在去拍摄体育场金色的屋顶时，从马道向下看到五颜六色的座椅，
让我联想起草原上盛开的小花。

旗帜　天安门广场红飘带 2019年摄

在国庆七十周年的时候，建筑师在天安门广场精心设计了两条长两百多米的"红飘带"，以深刻的寓意装点了节日气氛。虽然只在广场短暂地展示了两个月，却给无数人留下了长久的红色记忆。

建筑师 / 任飞　屈小羽

玲珑 奥林匹克公园多功能演播塔 2008年摄

这张照片拍摄于2008年北京奥运会期间，当时玲珑塔承担着重要的演播功能。

建筑师 / 崔愷　康凯

秀 威克多制衣中心 2014年摄

建筑师 / 景泉　李静威

暮色 咸宁仙鹤湖鹤鸣居 2018年摄

建筑师 / 郑世伟　黄鹤鸣

]暖　首钢二通厂房改造 2015年摄　　　　　　　　　　　　　　　建筑师 / 徐磊

溢彩　唐山第三空间　2016年摄

建筑师 / 李兴

重庆国泰艺术中心 2013年摄 建筑师 / 崔愷 景泉

对比　上地·元中心 2015年摄

建筑师 / 徐磊　弓

质感

传递建筑材料细部的视觉体验

华丽 人民大会堂金色大厅 2010年摄

建筑师 / 王炜钰

钢柔 中间建筑·艺术家工坊 2009年摄

建筑师 / 崔愷　时红

兴钢的设计是建筑摄影人最喜欢拍的类型，容易"出片"。

会展中心波浪般起伏的屋顶把人的视线引向大海。

建筑摄影要真实地表现或说明建筑师的设计，

所以大多不能像个人艺术摄影那样，

在后期制作中做过度渲染，

建筑的艺术性就决定了照片的品质。

海南会展中心 2011年摄

建筑师 / 李兴钢

木构屋顶、竹子扶栏、夯土墙，
都带给人一种朴实温暖的感觉。
拍摄时的光影很重要，
但有时相比于浓重的阴影，
为了更好地表现设计，需要选择平静的光线。

七木　中国美术学院象山校区水岸山居 2013年摄

建筑师 / 王澍

这是一座在存在了五十五年的老教室原址重建的新教室。
老教室在回忆文章中经常被提到，因此我感觉这里充满着岁月的记忆，
在拍照时也注意尽量弱化用现代材料制作的门窗，
而通过砖墙上的树影表现时光的痕迹。

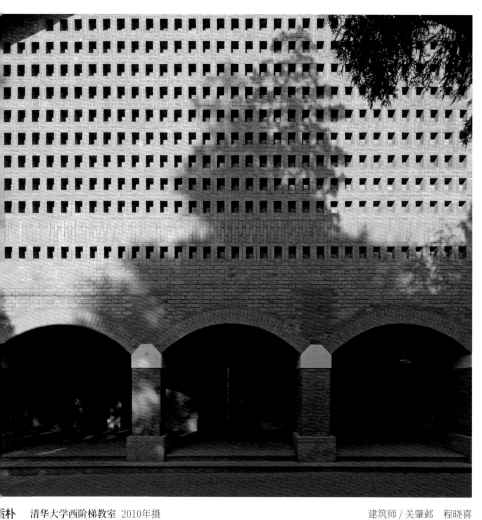

质朴　清华大学西阶梯教室 2010年摄

建筑师 / 关肇邺　程晓喜

洞天 荣成市少年宫 2021年摄

建筑师 / 崔愷　康凯

磐石 崇礼中心 2022年摄

建筑师 / 崔愷　康凯

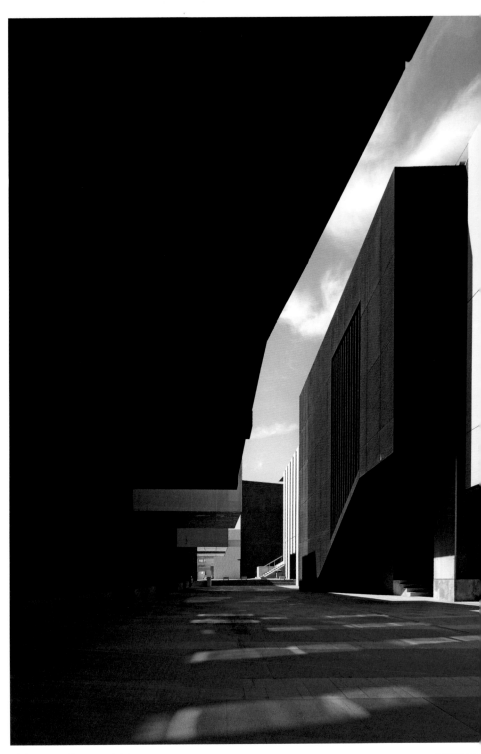

时光　中间建筑　2013年摄

建筑师 / 崔

深圳艺术馆 2016年摄

建筑师 / 蓝天组 + 深圳华森设计公司

对视　招商银行深圳分行　2017年摄　　　　　　　　　　　　　　　　　　建筑师 / 于涛

在原已高楼林立的深南大道上，为了表现出建筑作为后来者的特点，取景时我借
用了相邻建筑前的雕塑，给画面带来一丝生动的氛围。

昭君墓博物馆 2017年摄 建筑师 / 曹晓昕

听宝贵大叔说，为了使夯土墙挂板的效果更自然地接近真实，曹晓昕建筑师曾经到厂里亲自动手修改模具。拍照时我就特意选择拍摄了墙面细部，果然很传神。

驻影 玉树康巴艺术中心 2013年摄

主持玉树重建的邓东总规划师曾几次提到,在援建的众多项目中,这是唯一做了墙身大样的建筑。

建筑师 / 崔愷　关飞

木翼 海口市民中心 2018年摄

从不同的距离看这个木构屋顶，视觉感受并不一样。为了表现木构的尺度和特色，我试着一步步走近，直到镜头所允许的最近范围，紧贴在树下拍出木构特有的柔中有刚的力度感。

建筑师 / 崔愷　康凯

屋顶造型犹如一扇展开的巨大羽翼。这时我特别能体会到卡帕那句名言：
"如果你拍得不够好，是因为你离得不够近"。

筑砺 罕山自然保护区生态馆 2016年摄

　　用就地取材的石头筑起的墙体，自然地呈现出所在地域的气质。

建筑师 / 张鹏举

檐下 首都博物馆 2005年摄 建筑师 / 崔恺　崔海东 + 法国AREP设计集团

山石　山东省广播电视中心 2009年摄　　　　　　　　　　　建筑师 / 崔愷　任祖华

挤压 　*广州大剧院 2010年摄*

设计以珠江边两块石头的隐喻，在建筑内外营造出变化丰富的空间。我试图在两块"石头"
缝中拍出别有洞天的感觉。

建筑师 / 扎哈·哈迪德建筑事务所

随笔五　交流

与建筑师交流是从事建筑摄影的"必修课"。这种交流并不局限于拍摄前的了解情况，还有日常的聊天、讨论。无论时间长短，都能起到交流的作用。我愿意听建筑师的讲座，看他们写的文章，从中了解设计作品，理解设计理念，从建筑师们选用的照片看其中与设计关联的审美、文化导向。交流的最终目的是要和设计者取得审美上的一致，这是非常重要的。我也遇到过用心拍完但是设计者不用的情况，这往往是审美观点有差异导致的。而拍摄我比较熟悉的建筑师的作品时，就很少遇到这种情况。阅读也是一种交流。有些论述摄影、建筑和艺术的书，都提及摄影和建筑的关系，读书中的观点也是我与建筑师讨论的话题。通过多种交流方式增进了我对建筑的理解和拍摄时视点选择的把握性。

我进院工作初期，因为拍照的机缘和老一辈建筑师有颇多接触，但那时的交流大多是聆听他们的教诲。我从前辈们那里学习到建筑相关的知识，也了解到一些院史往事。随着时间流逝，这些前辈在院里默默奉献数十年之后陆续退休了，我后来才意识到当年和他们的交流还是太少了。我与二十世纪八九十年代进院的建筑师年龄相近，因此更加熟悉，交流也更多。他们年轻时的理想主义、乐观主义、英雄主义、现实主义，还有当时超前的现代精神，给我留下了非常深刻的记忆。多年过去，有些人只剩下了现实主义，而有些人坚持着对创作的执着追求，取得了丰厚的业绩。我目睹和经历了这个过程，也在与建筑师的交流中，逐渐产生了传播和记录的责任感。从而把建筑摄影与编辑书籍、举办展览和交流活动、记录整理院史等相关工作结合起来。将最初意识中的"有用"转化为"应用"，而这些工作又再度促进了交流。

在交流的过程中我**逐渐清楚了自己的位置：一个记录者、参与者、旁观者。**

从事建筑摄影不应把自己看作艺术家，而是工匠。面对各种建筑不应有先入之见，而应保持尊重理解的态度。

特写

截取建筑艺术中的几何元素

缝隙 廊坊临空服务中心 2022年摄

建筑师 / 崔愷　徐磊　丁利

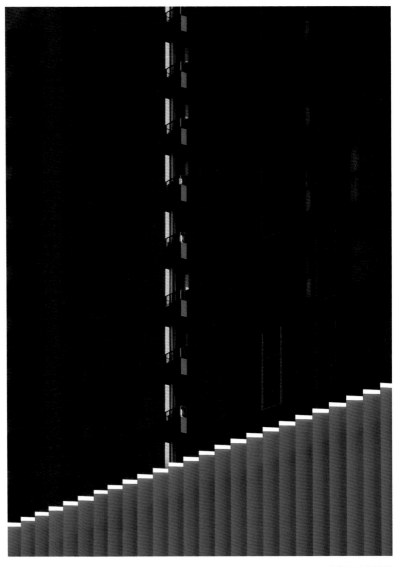

光线 燕郊嘉都茂 MALL 2021年摄 建筑师 / 柴培根

网格　复兴路59-1号改造　2007年摄　　　　　　　建筑师 / 李兴钢

视角　华都美术馆 2018年摄

建筑师 / 安藤忠雄建筑事务所 + 张燕

建构　德阳市奥林匹克后备人才学校 2012年摄

建筑师 / 崔愷　关

热河　承德行宫大酒店　2012年摄

建筑师 / 柴培根

绕 国家网球馆 2011年摄

建筑师 / 徐磊　安澎　高庆磊　丁利群

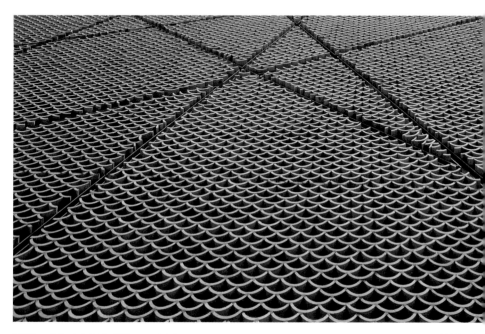

切割　奥林匹克公园2号院　2008年摄

建筑师 / 祁

真上 塔里木大学新校区 2022年摄 建筑师 / 宋源　魏篙川

透 安仁建川汶川大地震博物馆 2009年摄

建筑师 / 李兴钢

锥　天津大学新校区综合体育馆　2016年摄

建筑师 / 李兴钢

摆 百度大厦 2009年摄

建筑师 / 汪恒

交缠 亦城财富中心 2016年摄

建筑师 / 汪恒

天际一 元上都遗址博物馆 2015年摄 建筑师 / 李兴钢

天际二 首钢二通厂房改造 2015年摄 建筑师 / 徐磊

天际三 玉树康巴风情街 2014年摄 建筑师 / 刘燕辉　宋波

天际四 黄山昱城皇冠假日酒店 2012年摄 建筑师 / 叶铮　马琴

崭露　崇礼中心 2022年摄

建筑师 / 崔愷　康凯

几何一 苏州火车站 2011年摄

建筑师 / 崔愷 李维

何二 北京城市副中心行政办公楼 2018年摄 　　　　　　　建筑师 / 崔愷　郑世伟

几何三　**威海市群众艺术馆** 2019年摄

建筑师 / 崔愷　任祖

何四 荣成市少年宫 2021年摄

建筑师 / 崔愷　康凯

几何五 中国建筑设计研究院创新科研示范中心 2019年摄　　　　　　　　　　　建筑师 / 柴培根　周

封面

六十多次被选作《建筑学报》的封面是一种荣幸

在我从事建筑摄影的四十年间，有数百张建筑照片为《建筑学报》所采用，其中有六十多张被用于封面。《建筑学报》是业界的核心期刊，创刊七十年来记载了新中国建筑创作各个历史阶段的重要成果，同时也是展示优秀建筑作品的刊物。能有这么多的照片刊载其中，是我职业生涯中的一种荣幸。更让我记忆尤深的是学报的历任主编和编辑们，他们给我提供了很多拍摄优秀建筑的机会，让我新结识了很多优秀建筑师。

《建筑学报》的老主编张祖刚先生，是毕业于清华大学的资深建筑师，同时在摄影方面也有着很深的造诣。四十年前，为筹备在午门举办的古建筑展览，他曾带着我多次到故宫和几处胡同里的四合院拍照。有一次，我跟随张主编到砖塔胡同拍摄院落，借用了长安街上更换华灯用的高车。我至今还记得，当我们架着相机在院墙外升起来的时候，院里的居民仰头看时那种惊诧的表情。在很长一段时间里，每当我拍到一个新建筑，就先送去给张主编看，他总是拿着放大镜一张张仔细看过，边看边指导我如何拍会更好些。他是我从事建筑摄影的第一位老师。

还有学报几位老一辈的编辑，都曾在选片的过程中，对我有所点拨。后来负责《建筑学报》的范雪建筑师，于我亦师亦友。每次对要采用的照片，她都会从专业的角度提出明确的要求。他们的指教让我在建筑摄影上获益匪浅。

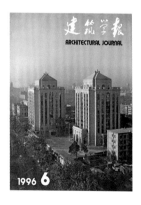

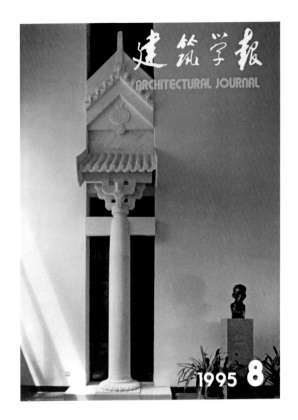

　　1995年盛夏的一天，学报主编张祖刚叫我去他的办公室，对我说，学报要刊登清华大学建筑馆，缺一张封面，让我去看看大厅室内有没有什么合适的角度。他提醒我说有一座梁思成像是重点。我立刻骑着自行车到了现场观看。当时大厅里除了几盆绿植，还没有什么摆设。梁思成的雕像在北墙，旁边是一个中国木结构柱式片段。"黑色的壁龛，白色的柱式，恰似遮幅式电影左右拉开露出的一个片段镜头"。我觉得雕像体积有些小，就想打个灯光，让影子大点儿。一看墙上正好有电源插座，当时我的光源只有碘钨灯，于是就带着灯架，背着相机又去一趟，拍下了这张照片做封面，主编大人很满意。

1997年11月底，人民大会堂香港厅的设计者王炜钰教授坐在沙发上微笑着对来拍摄的几位摄影者说："我和大家都不认识，你们谁拍得好，我就用谁的照片。"我知道王先生所说的"好"，并不单纯是指场景上的，而是要表现出设计中的细节。香港厅的室内设计细节很多，包括四周的墙面、地面、门、柱和楼梯，都做了精心的设计。在拍摄过程中，我注意到天花和吊灯，发现了设计的独到之处，这张顶棚照片被选作了学报的封面。后来我知道很多细部设计图都是王先生手工绘制的。因为拍摄香港厅，王炜钰先生认识了我。在准备出版作品集《王炜钰选集》时，又将她在人民大会堂中设计的几个重要厅堂都委托我来拍照。其中，金色大厅最令人震撼，作为国家级的接待场所，显得落落大方，富丽堂皇。在拍摄八一大楼和建设部办公楼室内设计的过程中，王先生亲临现场，点拨我拍摄的要点，给我留下了深刻的印象。

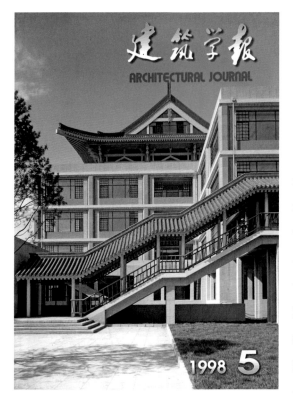

《建筑学报》在刊
登关肇邺先生设计的北京
大学图书馆时，需要我拍
一张照片作为封面。我早
早地来到现场选取角度。
一会儿关先生亲自来了，
其实选哪个角度他早就想
好了。他领我来到了建筑
的南立面，从这个角度看
去，设计中采用的传统做
法均有所表现。特别是屋顶部的"悬鱼"，那是从汉代建筑中汲取的元素，他进
行了改良，并巧妙地结合了北大的标志。这期的封面照片我只是遵循关先生的指
点按动了一下快门，却仍得到了先生的夸奖，让我很不好意思。后来先生要出版
新的作品选集，我又得到了拍摄先生作品的机会。我来到关先生办公室，看到房
间里有很多建筑奖的奖杯奖牌，他笑着说："我做得也不好，不知道为什么给了
我这么多奖。"随后关先生和他的助手程晓喜带着我在清华校园里看他设计的项
目，边看边诙谐地说起设计中的一些往事，谈笑风生，让我感受到了大家风范。
《关肇邺选集2002—2010》出版了，先生在书后"致谢"中写的第一句话是：
"本集所收实景照片，绝大多数为张广源先生所摄。"

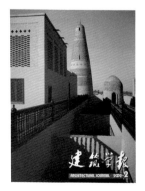

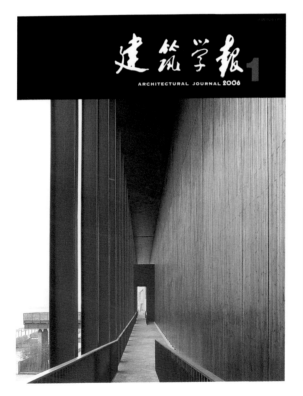

延续

用照片讲述、展示、记载创作历程

捡到老照片

2002年，院里让我负责编辑出版纪念建院五十周年的工程作品集，主要是由于我拍摄了大量建筑作品，资料掌握得多一些。可我却找不到建院前期近三十年的作品照片。由于在1970年，曾创作出很多优秀建筑作品的建工部建筑设计院被迫撤销，所有的档案资料包括工程设计的底图都被销毁了，当时设计的建筑仅存几张没有底片的照片。图档室现存的底图也是从二十世纪八十年代初开始的。五十年的历史记录缺了一半，远不能符合出书的需要。正当我一筹莫展时，院办公室的同事告诉我，他们在搬柜子时看见墙角有一箱底片，问我要不要。我急忙跑过去看，在一个落满灰尘的纸箱子里，零散堆放着很多黑白底片，这正是二十世纪五六十年代设计的建筑的一部分底片！我如获至宝，连夜对这些底片进行逐张清洗。我在灯光下一张张仔细看着，大部分老照片拍得都很用心，不仅建筑取景和透视恰当，而且有着明显的场景感，表现建筑细部的照片拍得也很到位。有的拍照时还为后期暗房拼接制作做了准备。这些都让我对佚名的摄影前辈感到敬佩。三百多张底片记录了前辈们几十年前设计的近百个建筑作品，尽管这只是完成项目中极少的一部分，还是缓解了我心中的遗憾。有了这次"收破烂"的名声，在院内调整办公房间的过程中，只要有人发现以前的遗留，都会告诉我，这样又陆续捡回了一批"灰头垢面"的玻璃干版，用晒图纸自制的工程相册，手工抄写、翻译的国外建筑资料册，还有当年重大项目投标的方案册，编写的建筑资料集，参加国家重要工程时的笔记等几十年前的原件。其中几十张专门拍摄渲染图、施工图的玻璃干版底片又吸引了我，从这些为数不多的遗存可以看出，当年大量的图纸都曾进行了翻拍，图中的每根线条都很清晰，没有变形。可见在没有复印机的年代，图纸的拍摄是摄影工作的一项重要内容，每个环节都很成熟。

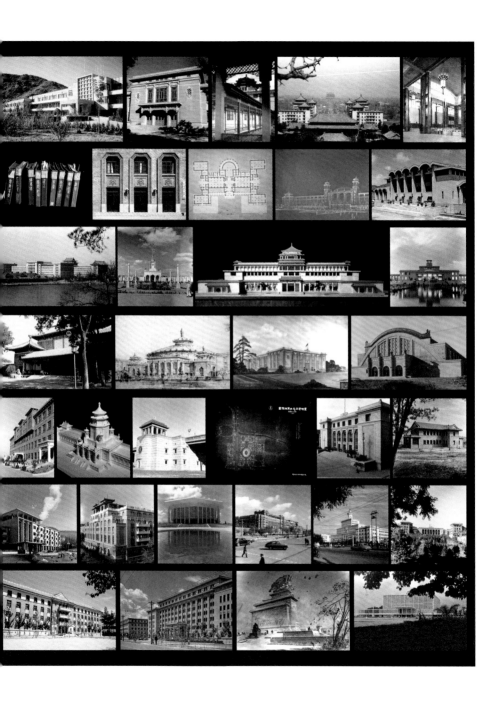

建起陈列馆

如何保存和留传这批失而复得的宝贵资料，一直是我的一件心事。在筹备纪念建院七十周年活动时，院党委书记宋源和崔愷院士与我一拍即合，决定建一个院史陈列馆。这件事儿很快得到了各方面的支持和鼓励。当看到崔愷亲自为陈列馆勾画的草图时，我更加清楚了建馆的主题，那就是"寻根"。让那些真实记录了前辈们创业阶段的实物，都得到充分的展示。几位历史上作出过重要贡献的大师的亲属，也自愿捐献了大师们生前的手稿和用品，提升了陈列的价值。几十年前的记录加上新时期的重点创作和荣誉奖项等，一起陈列展示，共同叙述了设计院的成长历程，也为后人的研究和续修留下线索。当初那些落满灰尘的老照片终于有了一个闪光的存在。

当我在轻柔的音乐声中看着刚布置好的陈列馆，总感觉相对于七十年的历史，这里还缺点什么。崔愷和宋源都是二十世纪八十年代进院的建筑师，在为建筑设计作出了很多贡献的同时，对设计院的历史也有深刻的了解。与他俩的交流又点醒了我，就是还缺少对"人"的记载。就这样，我着手编起了七十周年员工名录，这事儿有点难。几十年了，机构变化、人员流动，加上记录不完整，想统计全太难了。但我还是想尽办法多方查找，最终编出了一本记录了八千五百多名员工姓名的名录。按照人数记载，大约还有一千多人没能查到名字，只能成为一个遗憾了。

给新员工讲故事

在多年和老一辈的交往中，我对院里的历史已经有了一些了解，发现的老照片让历史更加真切了，并促使我从老一代人写的回忆文章和书刊资料中去了解这些"老物件"所反映的背景和史实。其中，老院长袁镜身的回忆录记载了他担任院领导后参与的一些国家重点工程的建设过程，对相关的人和事都写得很清楚，尤其是向周总理汇报国庆工程建设的情况等，都历历在目，颇具史料价值。袁院长曾在解放战争期间任《石家庄日报》总编辑，他是以记者的眼光记录下所发生的一切。

有了老照片和史实记载的叠加，再结合改革开放以来院里设计的重点工程，联想到一座座熟知的建筑、一张张熟悉的面孔，我深感这是一段了不起的历史，应该传承下去。于是，我整理编辑了一个以建筑创作为主线的院史讲座，把这个院曾经为国家经济建设作出的主要贡献、建筑设计发展的历程和优秀的建筑师，都整理到一起，每年给新入职的年轻人讲故事。年轻人对这些带着时代背景的人物和建筑故事都很感兴趣，每次都听得非常专注。连续讲了九年，我陆续收到他们写的两千多份感想，有些感受也让我很有同感。这个院的发展经历让他们感到振奋和震撼，他们也为能成为这个院的员工而骄傲。老照片发挥了作用，我也进一步感受到，建筑摄影最重要的是为历史留下真实的记载。

听了故事以后（摘录）

讲课的是张广源老前辈，我很早之前便看过前辈的摄影作品，没想到这次他准备了一大批二十世纪五十年代的建筑照片，虽仅限于本院的作品，但从中已然可以看见自 1949 年以来几十年间的建筑发展。我想也许正是因为他作为摄影家对影像记录有着职业人特有的执着，才使得他能保存并梳理出这么多珍贵的历史记录。

——刘紫骐（2016 年新员工）

在短短的两个小时中，我仿佛随着他穿越回中国院刚刚成立的那个年代，随着广源主任的一段段讲述、一张张照片的展示，重新经历了一遍那段曲折的岁月，钦佩建筑师创造性地解决了一个个问题，感慨中国院在发展历程中的起伏，心痛许多历史资料的遗失。我由衷地敬佩当年的建筑师，在特殊的时代背景下，为中国建筑的起步作出的各种尝试和探索。

——李露昕（2018 年新员工）

出版作品集

老照片留下了部分历史的影像，但是由于档案和记录的缺失，很多优秀建筑设计作品查不到创作者和团队。2001年机构合并成立中国建筑设计研究院后，为了留下新时期建筑创作的记录，我们从2002年开始编辑出版"中国建筑设计研究院作品选"系列丛书。在崔愷总建筑师的坚持下，从第一本书起，每个作品不仅有主创建筑师的署名，而且记录下各专业主要设计者的姓名。现在为作品署上设计者的名字是很平常的事，可当时在"集体主义"的影响下，还是有不同意见的。

为了持续出版建筑作品和建筑师专辑等书籍，每年我都会制订出拍摄计划，适应印刷的质量要求也成为建筑摄影的一个目标，中华传统印刷文化中连续、统一、创新、包容的特性，也成为我做事的一个指导原则。用照片展示创作，用照片记录历程。其实，像这样的编辑记录也是一种传承。

我曾反复翻看二十世纪五十年代留下的一叠残缺的资料，正是前辈们为编辑工程作品集所做的前期工作的遗存，有用钢笔写的上百项工程统计目录、油印的征集照片表格、铅字打印的印刷纸样，还有拟写的前言手稿等，可见当时为了编排作品书籍而付出的努力。我没有找到这些编辑工作所对应的成书，也许以当时的条件，最终的成品只是一本贴着照片、标着工程名称的建筑相册。但他们为了记载建筑创作所付出的努力和追求的目标，正是我们现在做这件事的初衷。不仅仅是为了当下，也为了记录历史，记下建筑设计者走过的路，为后人留下可供研究参考的资料。

我记得第一位将出版记载建筑作品的图书列为常规工作的人，是1992年开始担任院长的刘洵蕃，他以丰富的领导经验和智慧，带领全院开创出新的局面。他对记录和宣传十分重视，要求我将"年鉴"式的作品集编辑出版作为一项重点工作，持续做下去，甚至在开本、纸张和印刷质量上都提出了具体要求。这也为后来延续和完善这项工作打下了基础。刘院长曾以建筑师的角度，在审视我拍摄的部分照片后，指出了问题，告诉我要拍些"刁钻的角度"，让建筑变得生动起来。这句话对我后来的拍摄特别有启发，多年来我一直记在心里。

从《作品2009》说起 文 / 刘洵蕃

　　广源送给我一本刚出版的《作品2009——中国建筑设计研究院作品选》。封面是黑底、白竖线条波状外墙图片，波浪图案从封面延续至封底，构图完整连绵，黑白对比，明快简洁，我很喜欢。

　　回到家里，仔细翻看，才知道这本书是由崔愷主持、张广源策划并摄影、任浩主编、徐乐乐任美术编辑的。这些人都不是出书方面的专家、强手，但这本作品集所展示的出版水平，却能与专家、名手有得一拼，表现了编辑方面的功力，是一本很有水平的建筑图书。

　　这本选集集结了我院近几年的精品之作，全书展示了57项建筑工程，建筑类型广泛多样，从建筑设计到室内装饰、环境设计，展示全面；平面、剖面、立面一应俱全；建筑图片从俯瞰全景到主立面及室内外，各种视角、细部、特写，乃至夜景和活动场面，全方位、全视角地表现建筑形象和设计细节，极具建筑艺术魅力。向读者真实、翔实地介绍了主要技术资料，极具学术价值和设计参考价值。

　　特别独到的是，各项工程都注明了各专业、各层次设计人员的真名实姓，这不仅表示了对设计人员的尊重，表明了设计人员的地位和荣誉，而且宣示了设计责任，提供了对设计人员的追索性，显示了对工程的责任担当。

　　建筑摄影是作品集的主体要素，是对建筑观察和欣赏的主要界面。这些年，张广源同志的建筑摄影已达到较高水平。他的作品常见于各类书刊，成为国内活跃的建筑摄影师之一。他的摄影有很高的建筑专业性。建筑摄影真实、准确是第一位的。他的取景角度恰当，能真实、准确地表现一座建筑的个性和尺度，不夸张、不扭曲、不追求怪异的视觉形象，忠实表达建筑形态。他的建筑摄影在努力追求其艺术表现，取景角度讲究，构图力求新颖均衡，追求个性视角，挖掘建筑潜在的独特气质，使建筑摄影具有了艺术摄影的魅力，让读者赏心悦目。

我深知建筑摄影的不易。为了一张好的照片，要等好天气、好阳光；要找好位置、好角度；要背着器材围着建筑物转来转去、观察取景，要登高，要等待；要做细致的后期作业，印刷修版。每座建筑，广源用照片完美地表达出来，让我们看到了，欣赏了，我要深深地感谢他。

这本书的排版虚实有致，比例得当，突出了建筑主题表达，工程的说明文字简明扼要，清楚准确，中英双语便于对外交流。版面色彩柔和，沉稳持重，表现了一种分量感，这些都倾注了编者的一片苦心和对极致的追求。得到这本好书，我要谢谢他们。

还是在1992年时，我到摄影室去，张广源让我看了摄影器材和装备。他说，所用的照相机档次不高，要拍出好的建筑照片有一定困难，希望提高一下，能不能买尼康相机。我说，把想要购买的相机和其他设备列个清单，写个报告，作个预算报来。过了几天，送来一份报告，连相机、镜头、其他设备一起几万块，比我估计的少，就批准了。我想，买了好相机就要多干工作，就和广源一起研究如何把我院的摄影纳入对外宣传、介绍、推广工作，加强信息交流，即时推介我院的设计成果。

从那时起，首先编印了小型作品集，从院工程中选出代表性作品，编印成册，或印成专题折子对外赠送。而后，就把建院以来的典型工程选编成图集，由出版社正式出版发行。再后来，为了把近期作品编印成图册对外宣传，每两年出一本"年鉴"式作品集，不单要出版院本部的设计工程，还要把各公司一并推介出去。为此，广源同志和编辑同志开始学习和熟悉印刷出版业务，学习排版、构图、选色、纸型、字号、分色、制版等各种知识，有计划地编印有关出版物。把优秀工程图片制成大型挂板，在院大厅、门厅、走廊宣传展示，积极参加国内外专业会议和展览、展示活动，充分展现我院的实力和水平。

重拍经典

　　在二十世纪八十年代，我曾经拍摄了部分老建筑的照片。这几座建筑是我们院四位著名建筑师的代表作品，也是北京市民尽人皆知的标志性建筑，当时已经矗立了近三十年，还没有经过大规模的整修，依然保持着当初建成时的模样。

北京电报大楼（1957年建成）1986年摄　　　　　　　　建筑师／林乐义

中国美术馆（1962年建成）　1989年摄　　　　　　　　　　建筑师 / 戴念慈

北京火车站（1959年建成）　1986年摄　　　　　　　　　　建筑师 / 陈登鳌

建筑工程部办公楼（1954年建成）　1986年摄

建筑师 / 龚德顺

往事

摄影路上的点滴回忆

北京国际饭店

　　1980年初我们一批年轻人进院的时候，林乐义已经是德高望重的总建筑师了。尽管平时在院里也常常见到，但高山仰止，没有和林总说话的机会，拍摄北京国际饭店的模型让我有了一次直接与林总接触的机会。北京国际饭店的方案设计经历了一个较长的过程，在将近一年的时间里，我陆续拍摄了四个不同的方案模型，大多是蒋仲钧建筑师来指导拍照。直到1983年初，一个崭新的方案模型又搬到摄影室来拍照。这次林总亲自来了，他看着灯光下的模型，一边向旁边的建筑师低声讲解，一边指点着拍照角度。当时的摄影室在建设部大楼北配楼的端头，除了几盏射灯，没什么专业设备，比较简陋。拍的是黑白胶卷，拍完后马上冲洗。林总在一旁等着看结果，我为他搬来一把椅子。他把椅子调过来，椅背朝前跨坐在椅子上，完全没有我们平时见到的威严，一边看着我冲卷儿，时不时和我聊两句天。冲出来以后，他拿着还滴着水的胶卷告诉我放大哪几张。熟悉林总的老同志后来告诉我，林总平时是很随和的人，说话也很幽默。在编辑《建筑师林乐义》一书时，我也在老同志们的回忆文章中多次读到林总那些平易近人的往事。

　　北京国际饭店于1988年建成，是我国自主投资、自主设计建造的一座现代化旅馆建筑，104米的塔尖儿是当时长安街建筑中的第一高度。遗憾的是主持设计的林乐义、蒋仲钧两位总建筑师都没能见到工程落成的这一天。在参与北京国际饭店设计的人中，唯有负责建筑专业的胡寅元建筑师是从1978年立项开始，全过程参与并一直承担主要工作的人，他后来在深圳又主持了多项工程设计。院里当时承担了北京国际饭店的内外一体设计，室内设计主要是黄德龄、饶良修建筑师主持。在宏伟的建筑之中，精致高大的中庭、八个风味餐厅和咖啡厅各具特色，风格迥异。在那个缺材少料的年代，达成设计是很不容易的。我在拍照过程中，时常听到建筑师讲起建造过程中为了寻找合适的材料到各地奔波的小故事。

1988 年，北京国际饭店终于竣工并投入使用。

背景板的回忆

国家图书馆（当时称北京图书馆，简称"北图"）的模型被搬来拍摄的时候，引来了院里很多参加设计的人观看。北京图书馆建筑面积14万平方米，和人民大会堂的规模相当。那时院里还处于"文革"后的恢复阶段，称为设计所，一共只有200多人，当时又都是手工绘图，因此各专业有很多人都参加了北图设计，日夜赶制施工图。这个模型让大家展望到了北图未来建成的整体效果。模型很精细，底盘有两米多长，戴念慈总建筑师看了后就提出，拍模型时别总是用黑布当背景，能不能有点蓝天白云呢。于是我就请蔡吉安建筑师来帮忙画块背景板，为此买了两块整张的三合板。蔡工穿一蓝大褂就来了，画了一中午，落笔很快，笔触也非常有力，之后我就用这张背景板又拍了一次北图的模型。再后来沈三陵建筑师来拍她的项目模型时，觉得背景板上云太多了，说我给你另画两张。沈工画得细，天空的颜色很有层次，一张晴天，一张黄昏，谁来拍模型都喜欢用。在没有电脑绘图的年代，有彩色天空背景的模型照片也成为院方案本的一大特色。沈工于我可以说是良师益友，后来几次和她出差的过程中，都会听她耐心地为我讲解一些建筑知识。特别是怎么去看建筑、看绘画等，这对于刚接触建筑不久的我非常受益。在拍摄泰山华侨大厦时，沈工讲到建筑创作的一些想法，说到了建筑和泰山的关系，我听了很受启发，立刻背着相机爬上泰山，这是我第一次感受到了建筑和自然环境的关系。

有了背景板的模型照片

拍摄于 1987 年 10 月国家图书馆开馆当天。为了迎接开馆，建筑前的绿地是临时种的小麦。

1987 年，从岱顶俯瞰泰安城市，中间为泰山华侨大厦。

在特区拍照片

二十世纪八九十年代我拍摄建筑去的最多的城市就是深圳。因为那里有院里的另外一个创作基地——华森公司。1980年国家最大的一件事是成立了深圳经济特区，就在特区成立的四个月后，院里就和香港的森洋公司合资成立了深圳华森建筑与工程设计顾问有限公司，这是国内第一家合资建筑设计公司。当时的袁镜身院长特别有远见，预见到深圳特区建设的远景，及时为建筑师们建立了一个充分展示才华的平台。从1981年开始，陆续有院里的优秀设计人员来到华森，当时蛇口还是个小渔村，他们从租民房开始艰苦创业，到1983年华森已形成一定规模了。1985年后，南海酒店、深圳体育馆等一批代表改革开放创作成果的建筑陆续建成，我也因此经常去深圳拍摄。那时候北京的新建筑还不多，所以在深圳看到的新建筑总能让人感到特别新奇、兴奋。其特有的创新精神，能令人真切感觉到为什么这里叫"特区"，为什么院里的人都愿意到深圳来。

最开心的是院里一批新老建筑师会聚于此。当时的用房条件还不太宽裕，华森的宿舍是一座六层小楼，叫作海林阁，公司的人几乎都住在这里。每天下班后楼里就充满欢声笑语。那时还没有网络，工作之余大家一起聊设计、聊生活、聊音乐、聊读书、聊趣闻轶事、聊吃，最有意思的是一群"大老爷们儿"围着个任天堂的红白机为打游戏而大呼小叫。活跃的氛围也带来良好的创作环境。一批老的设计人员把严谨的工作态度带到了华森，而不断到来的年轻人又把创新理念带到这里。我每次去都觉得不仅拍照有收获，还特别长见识。当时华森设计的项目多，建造快，完成质量也好，辨识度很高。有时候到一个陌生的街区，我很快就能从一群楼当中分辨出哪个是我要拍摄的华森设计。

在深圳，我和前辈们也有了更多的交流机会。龚德顺大师从建设部设计局局长的位置上退下来后，到华森担任总经理，管理公司的同时也指导设计。他对年轻人一向很和蔼，从不摆架子。记得我刚进院不久，龚总就和我一起骑着自行车去拍他以前的设计项目，一路有说有笑，在华森对我也很关照。龚总是首批全国勘察设计大师。其实他原本是首届梁思成奖的获得者，据龚总夫人孔令娴回忆，当请龚总去领奖时，正在养病的他却说：我以前没为国家作过多少贡献，以后也作不了了，就别去领奖了。就这样婉拒了到手的功名。胡寅元建筑师是当时华森创作的主力，他主持设计的深圳发展中心等大项目为公司赢得了很多荣誉。熊承新老总是体育建筑的专家，在国内外主持了多项体育建筑的设计，著名的深圳体育馆就是他的杰作。熊总还是年轻人的朋友，我每次去他都会眯缝着眼睛和我们喝着小酒聊天。张孚佩曾任华森总建筑师，是主持项目最多的人，据说有上百个。我每次去都是听他布置拍摄任务，他说话声音很低，我常常感觉再往后退一步就听不见了。

崔愷那个时期也在华森工作。刚30岁的他很快就显示出了与众不同的设计思考，他设计的西安阿房宫凯悦饭店成为那个时期华森设计的一个标志，蛇口明华船员基地是他第一个刊登在《建筑学报》上的项目。后来院领导调他回北京，在经营最困难的1990年，崔愷又连续投中三个标，其中北京丰泽园饭店被视为他的成名作。

华森获奖项目不断增加，让我拍的照片也频繁"曝光"。二十世纪九十年代初，院里的建筑师们又把创新理念应用到深圳的住宅开发项目之中。建设初期的华侨城，因付秀蓉建筑师设计的海景花园而大获成功。我去拍摄时甲方告诉我，这里能看得见的楼盘都是华森设计的。宋源继任公司领导后，在公共建筑设计不断推陈出新的同时，又将华森的住宅设计发展为一个知名品牌，给了我更多的拍摄机会。

我对当年建筑师亲手绘制的渲染图印象很深，无论用水粉还是水彩，画面中的光影让我觉得特别生动。我因此在拍摄时也只认蓝天白云，经常在太阳的暴晒下支起三脚架。特别是在深圳，台风一过就是晴天，有时架子被晒得烫手。付出了辛苦，可拍出的照片却少有新意，多是一些"标准照"，每次回看都会为当时因不理解设计而错过的角度感到惋惜。

深圳南海酒店 1987年摄　　　　　　　　　　　　　　　建筑师 / 陈世民

在蛇口海湾背山面海而建，是改革开放后建筑设计创新中的典范之作。1985
年竣工。

蛇口明华船员基地 1991年摄　　　　　　　　　　　　　建筑师 / 崔恺

建筑在蛇口码头附近，好似双体快船般的设计非常引人注目，当年在《建筑
学报》发表后引起了很多人的兴趣。

深圳体育馆 1987年摄　　　　　　　　　　　　　建筑师 / 熊承新　梁应添

体育馆由四根立柱支撑起 1600 吨的钢网架，造型极其简洁，曾获得国际体育
与娱乐设施优秀设计银奖，却在 2019 年被拆除。

深圳华夏艺术中心 1990年摄　　　　　　　　　建筑师 / 区启高　周平　曾筠

艺术中心里有影剧院、歌舞厅和展览厅。建成初期，人们为其 60 米开口的巨
大网架形成的灰空间所震撼。龚德顺大师指导了设计。

深圳发展中心 1991年摄　　　　　建筑师 / 胡寅元

项目坐落在罗湖商业中心区，是二十世纪八十年代兴建的具有国际水准的超高层现代化建筑。整体为钢结构，外部幕墙等采用了当时的高科技工艺。

深圳联合广场 1992年摄　　　　　建筑师 / 朱守训

建筑高度195米，建筑面积超过20万平方米，56层的主楼为公寓式办公区。是当时滨河路上最高大的综合性建筑。

华侨城海景花园 1993年摄　　　　　　　　　　　建筑师 / 付秀蓉

是华侨城早期建成的商品住宅，那个时期同档次的住宅楼在北京还很鲜见。
虽然照片当时是站在泥塘中拍摄的，展出时还是引起了人们对居住环境改善
的遐想。

深圳大学文学院 2005年摄　　　　　　　　　　　建筑师 / 宋源

这是一组全新形象的校园建筑，外部完整有序，庭院内部也根据学生们的
特点做了生动的空间布置。建筑设计表现了那个阶段华森人在创作态度上
的传承。

做了件好事儿

　　"5·12"汶川大地震后，易地重建北川新城备受瞩目。中国建筑设计研究院和中国城市规划设计研究院都为此付出了极大的努力。2010年春天，我第一次来到了建设中的北川。当时大部分居住建筑已临近竣工，而主要的公共建筑和设施还在不同进度的施工中，5平方公里的新县城还是个大工地。 在由十几座活动板房组成的指挥部中，中规院的同仁和各方建设者在紧张地忙碌着，各种会议、磋商、现场设计都只能在这个简陋的环境中进行。车辆也在不大的院子中进进出出，车轮扬起的尘土和噪声很快与周边的工地融为一片。人们的状态就像在进行一场大规模的战役，而屋顶上"北川向世界报告"几个大字，正宣示着这场战役的意义。每一个身临其境的人都会受到感染。我在拍摄的过程中萌生了一个想法：能不能把新县城的主要建筑都拍一遍，出本建筑画册。这个想法得到了主管副院长崔愷的首肯，经他提议，很快得到了中规院和当地政府宣传部门的肯定和支持。随着工程落成，我开始了持续的北川之行。这一年的夏天，我和崔总一起去上海参观世博会。一天我们走在路上，我想起最近两次去拍摄所遇到的种种困难和北川方面的迟疑，忍不住问崔愷：咱们为出北川画册付出那么多，究竟图什

北川安置房　　　　　　　　　　　　　　　　　　　　　　　　　建筑师 / 刘燕辉

北川英雄园   建筑师 / 孟建民

北川静思园   建筑师 / 周凯

么？他若有所思地沉默了一会儿，然后说：就图做件好事儿！

　　在接下来的一年多时间里，为了记录这场大规模援建，我一次次地奔赴北川，前后拍摄了五十多个建成项目，包含一百多座建筑单体，有多位著名建筑师在新县城做了设计。著名雕塑家叶毓山先生创作的雕塑"新生"则成为新城的点睛之笔。后来，叶先生要出雕塑作品专集时，选中了我拍摄的一张照片，打电话来征求我的意见，我感到特别的荣幸。在交通、住宿等服务设施还没有建成期间

北川文化中心

去拍照，过程确实比较艰苦，但还是经常能被拍摄过程中的所见所闻打动。每次来都会得到中规院同仁的帮助。 2011年，新城建设启动三周年之际，记录北川新城建设成果的《建筑新北川》出版了，并在当年被选作国务院的礼品书，赠送给各国使领馆。 我望着一起忙碌这本画册编排出版的小伙伴们——任浩、徐乐乐、冯夏荫，想起所答应的资金没有到位，连印刷制作费用都是向两个院长求助凑齐的，大家忙了半天，真的如崔总所说是"做件好事儿"。

建筑师 / 崔愷

难忘 2008

　　这是在2008年北京奥运会开幕式前最后一次彩排时拍摄的，记下了一个难忘的场景。2003年，我们院与瑞士赫尔佐格和德梅隆建筑事务所合作设计的国家体育场方案中标后，34岁的李兴钢和经验丰富的秦莹建筑师担任设计主持人，结

国家体育场

构则由任庆英、范重两位总工程师主持设计，院里从各部门抽调各专业的技术骨干，组成了130多人的强大设计团队，圆满完成了这一复杂工程的设计。我随着鸟巢的建设，多次去现场拍摄，同时还拍摄了多个奥运项目场馆。

消逝的场景

　　在建筑摄影的经历中，感受最明显的是建筑为城市带来的巨大变化。对于很多拍摄过的建筑，当几年后有机会"故地重游"时，都会看到建筑周围巨大的改变。城市建设中的新场景、建筑创作中的新作品，常常让人感到是一本永远也拍不完的画册。

1990 年我去拍摄为北京亚运会而建的梅地亚中心的时候，建筑前面还是玉渊潭乡的一片菜地，十年后在这片地上建起了世纪坛。

1989 年位于东长安街的人民邮电出版社，在拆除的两层老楼原址上盖起了新楼。黄建才建筑师考虑到原有建筑和周边建筑的风格，充分利用场地，运用新材料作了精心设计。但扩建后的新楼不久即因为建东方广场而被拆除。

1988年，北京国际饭店建成时，周边还没有高大建筑，为了拍张全景，我退到铁路局招待所的屋顶上，无意中拍到当时在建国门内大街留存着的许多民国时期修建的房屋和院落。后来这些院落多为高楼所取代。

2001年，我到国家大剧院业主委员会拍模型，又看到了这个"大坑"。早在1958年这里就被规划为国家歌剧院用地，建筑师还做了多个方案，当时由于经济原因未能实现。如今这个预留了几十年的地块终于实现了初衷。

在中间美术馆

举办个人影展是每个摄影师的理想，而由建筑师群体为摄影师举办的个人影展，则是我的一次独享。我深深地感谢崔愷、徐磊带领建筑师团队为我策划了这个展览，并和二百多名建筑师朋友共同亲临影展现场，也是他们多年的精心创作成就了这次展览。我将这次影展视作我摄影生涯中获得的最高荣誉。

回顾自己从事建筑摄影四十年的经历，就是一个不断探寻的过程，从对镜头、胶卷的适配使用，角度、透视的选择把握，到对建筑空间、材料的逐步认知，再到对设计的理解与如何去表述反映，进而探寻怎样表现出建筑设计的境界。建筑在我的镜头中永远保持着新鲜感，也让我拍摄建筑时充满了好奇和想象，不会感到倦怠。

让建筑照片能够留下时代的痕迹，是摄影师的一种职业追求。我曾试图通过照片记录下这一代设计者的创作，用视觉语言讲述家园建设的故事，以镜头作画笔，来描写建筑细节的营造和对品位的追求，以瞬间的捕捉来表述建筑使用中的生动场景，以百姓的视点聚焦设计者对历史文化的理解和对城市的关注，并通过记录的信息呈现出建筑背后的思考。当照片展出时，我觉得自己做得还远远不够。所有的照片都是过去时，建筑摄影的路还需要执着地向前走。

我还特别感谢中间艺术区的投资人黄晓华董事长，他是我们大家的朋友，有着深厚的艺术涵养。承蒙他的加持，让拙作挂在了中间美术馆这座展示艺术的殿堂。

影展

建筑师们为摄影师举办的展览

张·望

——张广源建筑摄影展 2016.10 中间美术馆

建筑和摄影的主题，还有多年的友谊，促成了我们今天的相聚 | "张·望——张广源摄影展" 开幕现场实录

CADG 中国建筑设计研究院 2016-11-01 16:46
🎧 听全文

"一个人托起了这么多建筑师，所以有这么多建筑师来参加他的展览。"

10月29日，中国建筑设计院主办的"张·望——张广源建筑摄影展"在北京中间美术馆开幕。来自中国院及行业内的200余位建筑师及建筑摄影、建筑出版和传媒界的同仁齐聚一堂。中国建筑学会理事长、中国建筑设计院所属的中国建设科技集团董事长修龙在致辞中所说的这句话，是对这场建筑界少有的摄影展和开幕式的热烈氛围最好的诠释。

【AT】为啥一群建筑师要为一位摄影师举办展览？今天下午"张·望"展览开幕你就知道了

29万人贴击关注 AT建筑技艺
2016-10-29 08:38 发表于北京

指尖观展 | 顺着广源的镜头，张望匠心之作

ued: 城市环境设计UED 2016-11-02 19:29
发表于辽宁 🎧 听全文

他的建筑摄影作品上过62次学报封面 | 【张·望——张广源建筑摄影作品展】即将开幕 | 业界信息

建筑学报 2016-10-24 17:14 发表于北京
🎧 听全文

影展前言

崔愷 / 中国工程院院士、中国建筑设计研究院总建筑师

在我眼中，广源是一个非常专业的摄影家。所谓非常，是他非常认真，追求完美，不辞辛苦；而所谓专业，是他只拍建筑，在他的镜头中，建筑的形体、空间、韵律、光线、材质，始终是捕捉的对象和创作美好画面的素材。

在我眼中，广源是一个非常挑剔的鉴赏者。所谓非常，是他非常较真儿，十分敏感，不留遗憾；而所谓挑剔，是他只拍好的建筑，或建筑中好的角度，好的片段，所以他拍哪些建筑是有选择的，一个建筑能出多少片儿，也表达了他对建筑的评价。

在我眼中，广源是一个非常重要的记录人和传播人。所谓非常，是他几十年来以大量的摄影图片、书刊出版、学术座谈、专题展览等一系列手段，记录、整理和传播着这个国家大院的创作历程；而所谓重要，是他不仅仅把这些当作资料，更看作是一种文化的脉络，文化的传承和发展，是中国院的底蕴所在，核心价值所在。

在我眼中，广源是一个非常知心的朋友。所谓非常，是他为人真诚、友善、坦率、正气、豁达、谦和、朴实……而所谓知心，不仅是说我们之间的相互信任和兄弟情谊，还有文化和人生价值观的许多共识，更有在工作中的十分默契和相互配合，无论大事儿、小事儿、公事儿、私事儿，小酒儿一端，小烟儿一叼，脑子一转，点子就有了，事儿就成了，心里就放下了，这叫一个舒服……

显然，这只是在我眼中的广源。而对大家来说，无论是同行、同事，还是新老朋友，抑或仅仅是来看这个展览的观众，都会在这个展览中，顺着广源的镜头去看，去赏，用心去体会这位姓张的摄影家在那一瞬间望到了什么……

影展结语

文兵 / 时任中国建设科技集团董事长

广源如中国院建筑师们的邻家大哥。他伴随着我们成长，不断鼓励我们，支持我们，成就我们；他用质朴的画面语言，记录着我们的成就，诠释着我们的理想；他默默地站在我们身后，托举起我们的建筑梦想。

广源像中国院品牌建设的磐石。他用镜头表达并传播中国院的创作文化，他通过各种丰富而有实效的活动，擎举起中国院的品牌。

广源是建筑摄影领域的一面旗帜。他以建筑师的角度去审视并完成一幅幅优秀的建筑摄影作品，完成建筑从纸面到画册的"最后一公里"。他专业的技术和作品成为建筑摄影师们竞相学习的榜样。

岁月蹉跎，广源也将退休。作为我们的良师益友，他的职业生涯诠释着中国院人的职业精神，这是一种不求回报，不求名利的奉献精神，是一种数十年如一日的坚守精神，是一种精益求精的进取精神。这种职业精神，拂去了功名的浮华，呈现出本质的淳朴，为我们留下了宝贵的精神财富。

我们感念与广源一起的生活。

我们期待后继者的传承。

我们感谢广源为我们所作的付出！

建筑师的话

庄惟敏 / 中国工程院院士、清华大学建筑学院教授

　　广源老师作为摄影家，对建筑的看法和理解会与建筑师有所不同，所以从他拍摄的照片中，常能够读出设计之外的东西，他对建筑的这种感悟超过了一般人。在拍一座建筑时，他会潜心琢磨研究，等待光线的变化，从各个角度来表现建筑的内涵和情感，你不说他都能知道怎么拍，并能够带来超过期待的感觉。

李兴钢 / 中国工程院院士、中国建筑设计研究院总建筑师

　　广源，在我心目中有三个角色。

　　第一个角色，我把他当成前辈来看。1991年我刚毕业的时候，22岁，他已经是在院里工作很多年的摄影师了，所以说他是我的前辈。他对待我们这些小建筑师没有任何架子，但又会在聊天时不经意地把院里的历史都告诉我们，让我们更熟悉院里的情况，真是一位前辈的感觉。

　　第二个角色，是他的本职工作——摄影师，或者说是艺术家。跟广源出去拍建筑，最开始我不放心，老要跟着他，要他拍哪个角度。我觉得他心里肯定有点儿烦——这小子不相信我。其实不是不相信，建筑师可能有一个他心目中建筑最完美的角度，忍不住要跟他说，他也并不会责怪我。但是后来我发现，从他眼里看的房子，会有很多独到的地方，并不是我预料到的。慢慢地我就不跟他一块儿去拍了，希望他能够有自由的发挥。他每次拍回来照片，我都怀着一种期待去选照片，选出很多我自己没有想到过的角度，这个时候他就很得意。我估计他心里在说：你看看，并不是一定要按建筑师的想法，摄影师也有自己的判断。这让我对他有一种佩服。

　　他对我来说的第三角色，就是朋友，或者说大哥。我本身比较内向，但跟广

源，从一开始认识就无话不谈，可以很放松地交流，无论是工作还是生活，都可以说。逢年过节也会出去喝点小酒，聊聊天，总是有说不完的话。这样，他就从"前辈"的角色转变为"大哥"的角色。我从年轻的时候到北京工作，就能有这么一位前辈，这么一个同事，这么个朋友在一起，真的是人生的幸运。非常感谢他。

张鹏举 / 全国工程勘察设计大师、内蒙古工业大学建筑学院院长

印象当中，广源总是风尘仆仆。每次下飞机，总是直奔现场，马不停蹄，经过简短的构思和策划，直接进入到他的世界当中去了。那种专注的神情告诉我们，现在不要去打搅他。

广源又是一位非常尊重作者的摄影师，他总是会询问作者的意图和要求，拍出几倍于要求的照片，供你选择，这和其他的摄影师有明显的不同。因此，总能让你有意想不到的收获。

范雪 / 时任《建筑学报》编辑部主任

张广源可以说是我国建筑摄影这个门类的一个开拓者。二十世纪八十年代，我刚到学报，当时缺少专业的建筑摄影师，图片获取特别困难，就从他这一批人开始，有需要拍的就找他，看着他的片子拍得越来越好，到现在已经非常成熟，建筑摄影这个职业也已经形成了。

徐磊 / 中国建筑设计研究院副总建筑师

广源大哥，是具有高水平建筑师般的眼光，和卓越摄影技术的热心的文化传播者。他对这个设计院的感情非常深，但这不意味着他对外是狭隘的。相反，对于高水平的建筑创作和建筑师，他抱有非常积极的态度，希望中国的好房子越来越多，这是一种开放的心态，他非常敏锐地接受新的事物和信息。

柴培根 / 中国建筑设计研究院副总建筑师

广源当过兵，做事严谨一丝不苟。

广源有文采，但深藏不露，偶尔写个序言，开会致辞，让人惊艳。

广源有点清高，看不惯的事，看不上的人，不会掖着藏着，不吐不快。

广源很孝顺，虽然忙，但每周都回家给老妈做顿饭，陪着聊聊天。

广源喜欢喝着小酒和朋友聊聊天，话里话外都透着股狡黠，各种奇闻轶事都装在肚子里。

广源在院里工作了四十年，眼中看着这个设计院的发展，手中记录着一个个项目的精彩。

广源最开心的是看到建筑师们拿着他的片子，捧回各种奖项。

广源拍照不爱亦步亦趋，他很享受自己与建筑的对话，常常给建筑师一个崭新的视点。

广源的女儿送给他一部智能手机，他除了会用手机玩点最基本的纸牌游戏解闷，就是熟练地查阅天气预报，只要是好天气他都舍不得错过。

广源最自豪的事就是定期为院里出版作品集，十年七本作品集，让我们回望来路时不会迷茫。

广源有双审视建筑的眼睛，同时也在打量着身边的建筑师，时常给我们提个醒。

广源心里很静，在这个纷繁嘈杂的年代，他专注地做着自己的事情，享受着其中的苦乐酸甜，一点一点地用自己的方式保存了一群人的记忆，记录下属于我们的历史。

感谢广源！

后记

在这本小书的编撰过程中，我又一次得到了建筑师朋友们的热诚相助。多年来，尽管我以建筑照片为基础，编辑出版了多部建筑作品书籍，而当我要将自己的建筑摄影经历编写成书的时候，却不知如何着手了。近些年是一个图书出版的高峰时段，诸多建筑书籍或有着深刻的研究思考，或有着明确的观点；摄影书籍则或归纳了宝典般的经验，或展示了艺术性的照片。而我的拙作和经历却乏善可陈。

幸得崔愷院士的鼓励与指点，试图从记录和文化的角度，聊点儿经历过的往事，回望些建筑的瞬间。崔愷和我共事四十年，他勤于建筑创作，为我从事的建筑摄影增添了丰富的题材和多样化的空间。他关注文脉传承，我们一起在建筑文化传播方面做了很多有创新性和延续性的事情。在他为本书写的序言中，以其特有的朴实无华的叙事文笔，生动地重现了我们同道中的一幅幅画面，让我深受感动。

徐磊建筑师以其在设计中形成的逻辑性思维，帮我对那些冗长的往事进行了梳理，明确提出编写思路，如同几年前他带领年轻建筑师为我举办影展一样。回想当年，一拨拨风华正茂的年轻人陆续来到院里，带来了昂扬向上的活力，我和其中很多人都保持着良好的交流。在编写过程中，关注我这本书的几位建筑师朋友在谈到建筑创作时各自体现的特点也使我颇受启发，宋源的严谨睿智、柴培根的探求思考、于海为的机敏热情、吴朝辉的广见博识等，都让我颇受裨益。我们很投缘，在多年的交流中，共同的想法和语言消弭了彼此间的年龄差异。

刘爱华建筑师为帮助我编写付出了很多时间和精力，从录音整理到文字筛选、编辑，既专业又耐心，期间让我得到了很多启示。刘爱华曾在《建筑学报》做编辑，对建筑和建筑师有着广泛的认知，是她的协助提升了我出书的信心。

任浩建筑师是与我密切共事的伙伴，她不仅细心地收集和整理了很多我需要的资料，还经常为我的编写出些新点子、好建议，让人更易阅读。二十年前我将任浩"挖"到了文化中心，在我们做的每项工作中，她都是不可或缺的骨干。美术编辑乐乐为这本小书做了精心编排，把松散的文图组织到一起。这个"北京小妞"经常有些个性化的创意，我们编的书刊和活动展示的标识几乎都是她做的平面设计。擅长文笔的谭雅宁也为我的改进提出了有益的意见，她与李季、王怿和小董馨，都为我提供了很多帮助。这几位小伙伴与我共同度过了愉快的工作时光。

徐晓飞编辑一直都积极地支持我成书，并对我的编写提出了有洞见性的建议。他是一位专业能力很强的编辑，从二十世纪九十年代起，我们就在编辑出版方面合作，他审稿认真，对图片和印刷质量也有很高的要求，经常在解决具体问题时提出有建设性的见解。他和美术编辑田歆颖使我们合作出版的图书保持了很好的品质。我还得到了曲雷等多位建筑师的不断勉励，让我感到编书的过程就像我每一次拍摄建筑的过程，既有认知也有理解。

这是一本盛载着友情的小书，其中引起的回忆，要远多于纸面所能呈现的内容。我想到了那些充满善意与智慧的前辈和建筑师朋友，以及每一段充溢着启迪和乐趣的经历，因而心中满怀感激。正是在这样创新求实的行业群体中，我走过了四十年愉悦的人生旅程。

2024年5月

内 容 简 介

本书为建筑摄影家张广源先生从事建筑摄影四十多年来各阶段的代表作品及其对建筑摄影艺术的回顾和总结。作为"建筑设计国家队"的记录者,张广源凭借中国建筑设计研究院专职摄影师"天时地利人和"的优势,拍摄了一千余座建成的建筑作品,多为"名家名作",时间跨度之长、数量之多,在业内独树一帜。他用镜头记录了行业的发展,用照片诠释了建筑创作的故事——从某种意义上说,这本建筑摄影集是这个建筑创作空前繁荣、硕果累累时代的一个侧影。除了用镜头记录建筑,张广源也是重要的建筑文化传播者:作为中国建筑设计研究院文化传播中心主任,主持出版院里的"作品集"系列、建筑家传记系列、"设计与研究"系列、"院史"系列等题材的图书四十余种,成为另外一道靓丽的风景线;与中心同事们组织学术座谈、专题展览以及发布公众号等活动,更是使建筑摄影的价值发挥得淋漓尽致。本书图文并茂、生动有趣,适合建筑师、建筑学专业的师生以及对建筑文化感兴趣的大众读者阅读。

图书在版编目（CIP）数据

匠心之相：建筑摄影四十年 / 张广源著 . -- 北京：
中国建筑工业出版社，2024.9. -- ISBN 978-7-112
-30213-0

Ⅰ . J429.3

中国国家版本馆 CIP 数据核字第 2024277NG1 号

特邀策划：徐　磊　徐晓飞
文图统筹：刘爱华　任　浩
书籍设计：徐乐乐　田歆颖

责任编辑：张　建　张　明
责任校对：芦欣甜

匠 心 之 相

建筑摄影四十年

张广源　著

*

中国建筑工业出版社出版、发行（北京海淀三里河路 9 号）
各地新华书店、建筑书店经销
北京雅昌艺术印刷有限公司印刷

*

开本：965 毫米 × 1270 毫米　1/32　印张：8　字数：222 千字
2024 年 8 月第一版　2024 年 8 月第一次印刷
定价：108.00 元
ISBN 978-7-112-30213-0
（43606）

建工出版社微信　　各地建筑书店

经销单位：各地新华书店 / 建筑书店（扫描上方二维码）
网络销售：中国建筑工业出版社官网 http://www.cabp.com.cn
　　　　　中国建筑出版在线　http://www.cabplink.com
　　　　　中国建筑工业出版社旗舰店（天猫）
　　　　　中国建筑工业出版社官方旗舰店（京东）
　　　　　中国建筑书店有限责任公司图书专营店（京东）
　　　　　新华文轩旗舰店（天猫）　　凤凰新华书店旗舰店（天猫）
　　　　　博库图书专营店（天猫）　　浙江新华书店图书专营店（天猫）
　　　　　当当网　京东商城
图书销售分类：大众读物（Q20）